土木工程制图

马 辉 编著

中国海洋大学出版社
·青岛·

图书在版编目(CIP)数据

土木工程制图 / 马辉编著. —青岛:中国海洋大学
出版社,2019.5

ISBN 978-7-5670-1608-8

Ⅰ. ①土… Ⅱ. ①马… Ⅲ. ①土木工程—建筑
制图—高等学校—教材 Ⅳ. ①TU204

中国版本图书馆 CIP 数据核字(2017)第 261167 号

出版发行	中国海洋大学出版社		
社　　址	青岛市香港东路 23 号	邮政编码	266071
网　　址	http://pub.ouc.edu.cn		
出 版 人	杨立敏		
责任编辑	王积庆		
电　　话	0532—85902349		
电子信箱	wangjiqing@ouc-press.com		
印　　制	北京虎彩文化传播有限公司		
版　　次	2019 年 5 月第 1 版		
印　　次	2019 年 5 月第 1 次印刷		
成品尺寸	170 mm×230 mm		
印　　张	13.75		
字　　数	211 千		
印　　数	1—1000		
定　　价	45.00 元		
订购电话	0532—82032573(传真)		

前言

　　土木工程制图是高等院校建筑工程类各专业一门重要的绘图与识图基础课，是学习后续课程的工具，在培养大学生的绘图能力、抽象思维能力和识图能力等方面发挥着重要作用。因此，学好专业的基础知识也越来越重要。土木工程制图作为一门重要的专业技术基础课，为土木建筑类以及相关的工程造价、工程管理、房地产开发与管理等专业的学生提供制图知识和技能两方面的训练。目前，在国内各高校中，土木工程所属的许多二级学科都已将土木工程制图作为硕士研究生学位必修课和博士研究生的选修课。

　　国内各高校中出版的《土木工程制图》版本虽然比较多，但学生学习后的实践与识图能力并不是很强，而且土木工程制图成果也有待更新。虽然不同版本的《土木工程制图》适合不同授课对象、不同专业、不同层次、不同学时的教学需要，但大部分教材内容学生只能理解表面，并不能深入理解。因此，出版一本适应与提高学生实践与识图能力的土木工程制图教材势在必行。

　　本书的内容编排，力求通俗易懂，简明实用，在突出其科学性之同时，注重其对土建类专业的适应性，本书选编钢筋混凝土结构图、房屋平面图和建

筑图施工图等内容,可供相关专业工程图学相关课程的教学使用。

在本书编写过程中,白玉砚、张珂宁、阮通、李恩娟等人提出了宝贵意见,给予了大力支持,在此表示衷心的感谢!

由于学识所限,本书中不妥及疏漏之处在所难免,欢迎读者批评指正。

目录

第1章　制图基本知识与技术

1.1　概述

1.1.1　图样含义

在古代,制作简单工具和营造各种建筑物时,就已经使用图画来表达意图了,当时主要使用直观的写真方法画图。18世纪末叶,法国的工程师和数学家蒙日全面总结了前人的经验,用几何学的原理系统地总结了将空间几何形体正确绘制在平面图纸上的规律和方法,奠定了工程制图的理论基础,使工程制图在生产中获得了广泛的应用,并随之产生出各专业的制图标准。我国是世界上文明古国之一,在图示理论和制图方法上,也有许多丰富的经验和辉煌的成就。春秋战国时期,墨子著述中有"为方以矩,为圆以规,直以绳,衡以水,正以锤";在《史记》中记载了"秦每破诸侯,写放其宫室,作之咸阳北阪上";尤其是宋代李诫所著的《营造法式》是我国历史上建筑技术、艺术和制图的一部著名的建筑典籍,共36卷,其中工程图样有6卷多。与我们目前使用的多面正投影图中的图样极其相似。

土木工程制图是从事土木建筑工程专业人员所必修的一门技术基础课。主要研究图示图解空间几何问题以及绘制、阅读土木建筑工程图样的理论和方法。我们在构思一个建筑设计时,需要运用所学的专业知识,在头脑中生成大量的相互联系的三维几何信息。这些信息是用语言和文字无法表达清楚的，必须在图纸上把它们画出来，成为二维几何信息，使人们能够借助于图纸把所设计的建筑物建造出来。但是，图纸是平面的，而建筑物是立体的，从尺度概念说，它们似乎不等价，这就产生了矛盾。土木工程制图就是解决这个矛盾的一门学科，它是人们在长期生产实践活动中积累起来的经验的科学总结。

工程图样（简称图样）：把具体或想象的建筑物的形状和尺寸根据投影方法并遵照国家标准的规定绘制成的用于建筑工程施工的图。图样是表达设计意图、交流技术思想的重要手段。建筑工程图就是表达房屋的建筑、结构、设备等内容的工程图样，是建筑施工中重要的技术依据。对工程图的基本要求：正确、完善、清晰、规范、符合生产要求。

图样不正确就会出废品；

图样不完善产品就不确定；

图样不清晰就不能正确贯彻设计意图；

图样不规范就无法沟通技术思想；

图样不符合生产要求就无法施工建造。

制图标准是全体工程技术人员画图和看图的统一准则。目的：使图样标准化、规范化，做到全体工程技术人员对图样有完全一致的理解。如图1.1所示。

图 1.1　国家制图标准

制图标准类别：国家标准（技术制图标准、房屋建筑制图统一标准等）；行业标准（铁路工程制图标准等）；国际标准（ISO）

有关建筑工程制图方面的国家标准：

《房屋建筑制图统一标准》 GB/T50001－2010；

《总图制图标准》 GB/T50103－2010；

《建筑制图标准》 GB/T50104－2010；

《建筑结构制图标准》 GB/T50105－2010。

本课程对制图标准的使用原则：

本课程和相应的教材涉及房屋建筑的专业工程图，将采用《技术制图》标准和《房屋建筑制图统一标准》，如图 1.2 所示。

图 1.2　房屋建筑制图标准

1.1.2　本课程的任务

（1）了解现行房屋建筑制图标准和有关的专业制图标准。

（2）研究投影的基础理论及基本原理，主要是正投影法的基本原理及应用。

（3）掌握绘制和阅读建筑工程图样的基本知识、基本方法和技能。培养空间想象、空间构思及其分析表达能力。

（4）培养严肃认真的工作态度和耐心细致的工作作风。

1.1.3 本课程的主要内容

（1）制图基本知识。

介绍绘图工具及用品的使用与维护、制图标准及基本规定和几何作图方法。

（2）投影作图。

介绍投影的基本知识和基本理论，包括正投影、轴测投影。

（3）专业制图。

包括房屋施工图、给排水施工图、采暖电气施工图及装饰施工图等。

1.1.4 学习本课程的要求

（1）掌握各种投影法的基本理论和作图方法，主要是以多面正投影法为主。

（2）能正确地使用绘图仪器和工具，掌握正确的绘图方法，提高绘图的速度和质量。

（3）会运用投影关系及投影规律进行投影图与空间物体的转换，能正确地识读和绘制建筑形体的投影图和专业施工图。

1.1.5 学习方法

（1）认真听讲，及时复习。

（2）有意识地培养空间想象能力。

（3）正确处理好看图和画图的关系。

（4）培养耐心细致的工作作风和严肃认真的工作态度。

（5）注意观察周围的建筑物，适当地阅读一些与本专业课程有关的参考书，培养自学能力。

1.2 图纸的幅面规格

1.2.1 幅面尺寸和图框格式

图纸幅面的基本尺寸规定有五种，其代号分别为 A0、A1、A2、A3 和

A4。各号图纸幅面尺寸和图框形式、图框尺寸都有明确规定,具体规定见表1.1、图1.3、图1.4。

表 1.1　图框及图框尺寸(mm)

幅面 尺寸	A0	A1	A2	A3	A4
$B \times L$	841×1 189	594×841	420×594	297×420	210×297
c	10			5	
a	25				

图 1.3 中用细实线表示外边框,它是画完图后的裁剪边线,画图时可用细实线绘制。图上的内边框是图框线,用粗实线绘制。图框线以内的区域是作图的有效范围。位于图纸左侧内、外边框之间的 25 mm 宽的长条是图纸的装订边。不需要装订的图纸即可用不留装订边。注意,按照《房屋建筑制图统一标准》的规定,立式图纸的装订边在图纸的上方,立式图纸样式如图 1.4 所示。

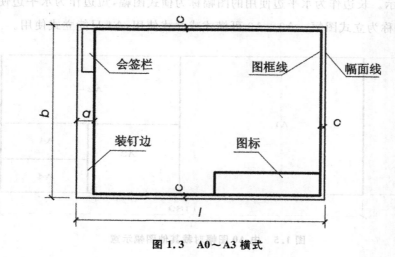

图 1.3　A0～A3 横式

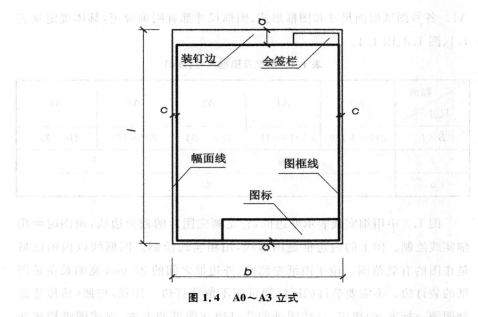

图 1.4 A0～A3 立式

A0 号图幅的面积为 1 m²,A1 号为 0.5 m²,是 A0 号图幅的对开,如图 1.5 所示。长边作为水平边使用的图幅称为横式图幅,短边作为水平边使用的图幅称为立式图幅。A0～A3 可横式或立式使用,A4 只能立式使用。

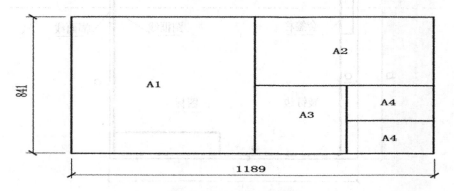

图 1.5 由 A0 图幅对裁其他图幅示意

1.2.2 标题栏

每张图纸都必须要画出标题栏。它是用来填写工程名称、设计单位、图纸编号、设计人员等内容的表格。标题栏位于图纸的右下角,其具体的格式由绘图单位确定。制图课中完成的作业建议使用图1.6所示的标题栏,栏目中的图名使用10号字体,字数多可使用7号字体,其余汉字使用5号字体。

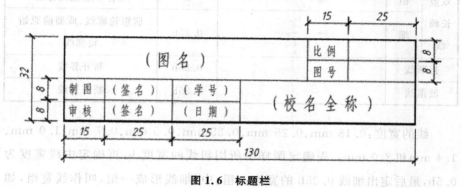

图1.6 标题栏

1.3 线型

线型有实线、虚线、单点长画线、双点长画线、折断线和波浪线等,其中有些线型还分粗、中、细三种。各种线型的规定及其一般用途详见表1.2。

表1.2 线型和宽度

名称		线型	线宽	用途
实线	粗		b	主要可见轮廓线
	中		0.5b	可见轮廓线
	细		0.25b	可见轮廓线、图例线
虚线	粗		b	见各专业制图标准
	中		0.5b	不可见轮廓线
	细		0.25b	不可见轮廓线、图例线
单点长画线	粗		b	见各专业制图标准
	中		0.5b	见各专业制图标准
	细		0.25b	中心线、对称线等

名称		线型	线宽	用途
双点长画线	粗	━ ‥ ━ ‥ ━	b	见各专业制图标准
	细	⋯⋯⋯⋯	0.25b	假想轮廓线、成型前原始轮廓线
折断线		╱	0.25b	断开界线
波浪线		～～～～	0.25b	断开界线

线的宽度:0.18 mm、0.25 mm、0.35 mm、0.5 mm、0.7 mm、1.0 mm、1.4 mm 和 2.0 mm。先确定图样中所用粗线的宽度 b,再确定中线宽度为 0.5b,最后定出细线 0.25b 的宽度。粗、中、细线形成一组,叫作线宽组,如表 1.3 所示。图框线、标题栏线的宽度如表 1.4 所示。

表 1.3 线宽组

线宽比	线宽组(mm)					
B	2.0	1.4	1.0	0.7	0.5	0.35
0.5b	1.0	0.7	0.5	0.35	0.25	0.18
0.25b	0.5	0.35	0.25	0.18		

表 1.4 图框线、标题栏线的宽度(mm)

幅面代号	图框线	标题栏外框线	标题栏分格线、会签栏线
A0、A1	1.4	0.7	0.35
A2、A3、A4	1.0	0.7	0.35

相互平行的两条线,其间隙不宜小于图内粗线的宽度,且不宜小于 0.7 mm。虚线、单点长画线、双点长画线的线段长度宜各自相等。虚线与虚线应相交于线段处;虚线不得与实线相连接。单点长画线同虚线。单点或双点长画线端部不应是点。在较小的图形中,单点或双点长画线可用细实线代替。以上各画法见图 1.7 所示。

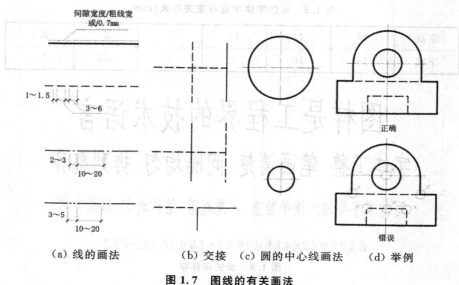

（a）线的画法　　　　（b）交接　（c）圆的中心线画法　　（d）举例

图 1.7　图线的有关画法

1.4　字体

1.4.1　汉字字体

字体的书写要求：笔画清晰、字体端正、排列整齐。

笔法特点：横平竖直，注意起落

结构特点：匀称，多数汉字要顶满方格

选用软硬适中的铅笔写字；写仿宋字要注意基本笔法和字的结构。字高系列有 3.5 mm、5 mm、7 mm、10 mm、14 mm、20 mm 等，字高也称字号，如 5 号字的字高为 5 mm。图纸上的汉字宜采用长仿宋体，字的高与宽的关系，应符合表 1.5 的规定。在实际应用中，汉字的字高应不小于 3.5 mm，长仿宋体字的示例如图 1.8 所示。

表 1.5　长仿宋体字高与宽关系表（mm）

字高	20	14	10	7	5	3.5
字宽	14	10	7	5	3.5	2.5

图样是工程界的技术语言
字体工整　笔画清楚　间隔均匀　排列整齐
写仿宋字要领: 横平竖直 注意起落 结构均匀 填满方格

房屋建筑桥梁隧道水利枢纽结构设计施工建造生产工艺企业管理

图 1.8　长仿宋体字

1.4.2　字母和数字

图纸中表示数量的数字应用阿拉伯数字书写。阿拉伯数字、罗马数字或拉丁字母的字高应不小于 2.5 mm。数字和字母有正体和斜体两种写法，但同一张图纸上必须统一，其斜体如图 1.9 所示。

图 1.9　字母与数字斜体

1.5 比例

图样的比例：图形与实物相对应的线性尺寸之比，它是线段之比而不是面积之比。比例的大与小，是指比值的大与小。比值大于 1 的比例，称为放大的比例。比值小于 1 的比例，称为缩小的比例。建筑工程图上常采用缩小的比例，如表 1.6 所示。如图 1.10 所示为 1∶2 的比例。

表 1.6　建筑工程图选用的比例

常用比例	1∶1,1∶2,1∶5,1∶10,1∶20,1∶50,1∶100,1∶200,1∶500,1∶1 000
可用比例	1∶3,1∶15,1∶25,1∶30,1∶40,1∶60,1∶150,1∶250,1∶300,1∶400,1∶600

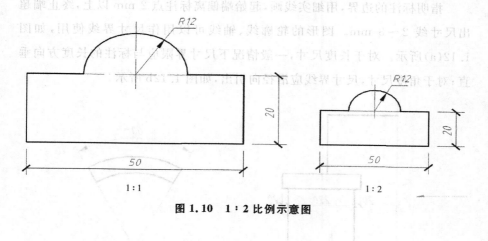

图 1.10　1∶2 比例示意图

1.6 尺寸标注

1.6.1　尺寸的组成及一般标注方法

工程上的图形表明了工程对象的形状和构造，但要说明它各个部分的大小还需要标注出其实际尺寸。本书讲述标注尺寸的基本形式和一般规定,实际上对于不同专业的工程图其尺寸图样上的尺寸由尺寸线、尺寸界线、起止符号和尺寸数字四部分组成,如图 1.11 所示。

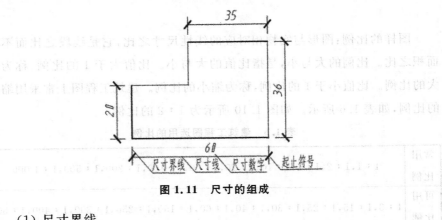

图 1.11 尺寸的组成

（1）尺寸界线。

指明标注的边界,用细实线画,起始端偏离标注点 2 mm 以上,终止端超出尺寸线 2～3 mm。图形的轮廓线、轴线可以用作尺寸界线使用,如图 1.12(a)所示。对于长度尺寸,一般情况下尺寸界限应与标注的长度方向垂直;对于角度尺寸,尺寸界线应沿径向引出,如图 1.12b 所示。

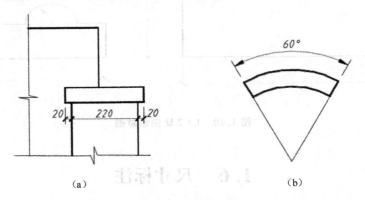

图 1.12 尺寸界限

（2）尺寸线。

画在尺寸界线之间,用细实线绘制。长度尺寸的尺寸线,方向与被标注的长度方向平行,角度尺寸的尺寸线画成圆弧,圆心是角的顶点。如图

1.12(b)。所示图形轮廓线、轴线、中心线、另一尺寸的尺寸界线以及它们的延长线，都不能作为尺寸线使用。

（3）尺寸起止符号。

画在尺寸线与尺寸界线交接处。土木、建筑工程制图中，长度尺寸的起止符号为中粗线画的短斜线，其倾斜方向应与尺寸界线成顺时针45°角，长度宜为2～3 mm。直径、半径、角度尺寸线上的起止符号应为箭头。如图1.13所示

图1.13 尺寸线

（4）尺寸数字。

图上的尺寸数字表示物体的实际大小，与画图所用的比例无关。尺寸的单位，除标高以米为单位外，其余的线性尺寸均以毫米为单位，并且在尺寸数字后面不写出来。在某些土建专业工程图上也有用厘米为单位的，这时要在图的附注中做声明。长度尺寸的数字顺着尺寸线方向排列，写在尺寸线的大致中央。水平尺寸数字写在尺寸线上，字头向上；竖直尺寸数字写在尺寸线左侧，字头向左；倾斜尺寸的数字应写在尺寸线的向上一侧，字头有向上的趋势，如图1.14所示。

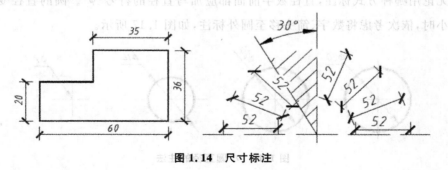

图1.14 尺寸标注

尺寸界线之间没有足够位置写字,数字可以写在尺寸界线外侧。连续出现小尺寸时,中间相邻的尺寸数字可以错开注写,也可以引出注写。如图 1.15 所示。

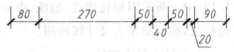

图 1.15　尺寸数字的注写位置

1.6.2　尺寸的排列与布局

布置尺寸应整齐、清晰,便于阅读,应符合以下几点要求;图例如图 1.16 所示。

（1）尺寸尽可能注在图形轮廓线外,不宜与图线、文字及其他符号相交。

（2）互相平行的尺寸,从图形轮廓线起由近及远整齐排列,小尺寸在内,大尺寸在外。

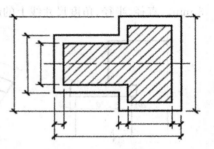

图 1.16　尺寸的排列

（3）内排尺寸距离图形轮廓线不宜小于 10 mm,平行排列的尺寸线间宜保持 7～10 mm 的距离。

1.6.3　直径、半径的尺寸注法

圆的直径可以圆弧为尺寸界线,标注在圆内,也可按长度尺寸方式引到圆外标注。注在圆内时,尺寸线应通过圆心,方向倾斜,箭头指着圆周,箭头长度约 3～5 mm。引到圆外标注时,尺寸线上的起止符号仍为 45°短斜线。无论用哪种方式标注,直径数字前面都应加写直径的符号"ϕ"。圆的直径变小时,依次考虑将数字、箭头移至圆外标注,如图 1.17 所示。

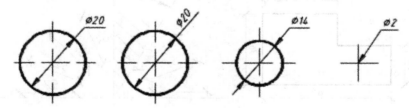

图 1.17　小圆直径的注法

半径的尺寸线自圆心画至圆弧，圆弧一端画上箭头，半径数字前面加写半径的符号"R"。不同半径的圆弧，其半径尺寸的注写形式可有适当变化，如图1.18所示。

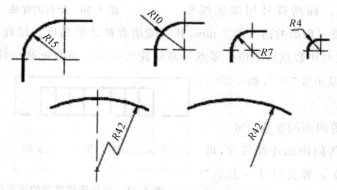

图1.18 所示圆弧半径的标注方法

球的直径或半径，在标注尺寸时应加写球的尺寸符号"S"，例如球的直径为50，应写成"Sϕ50"，半径为25，应写成"SR25"。

1.6.4 其他尺寸标注

（1）坡度。

标注坡度时，在坡度数字下面加画单面箭头，箭头应指向下坡方向。坡度数字可以成比例形式，如图1.19（a）所示，也可以写成比值形式，如图1.19（b）所示。坡度还可以用直角三角形的形式标注，如图1.17（c）所示，在某些专业工程图上还有不画箭头，而沿着坡度线方向直接写出坡度比例的注法，如图1.17（d）所示。

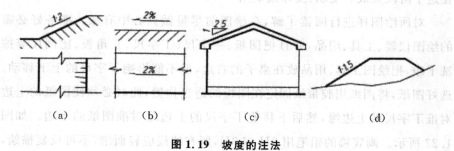

| (a) | (b) | (c) | (d) |

图1.19 坡度的注法

（2）标高。

建筑物上某部位的标高（高程）应标注在标高符号上，其样式如图 1.20 所示。标高符号用细实线绘

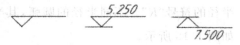

图 1.20　标高的注法

制，45°等腰三角形的高度约 3 mm，其尖端指着被注的高度。标高数字以米为单位，注写小数点后三位。零点标高应注±0.000，负数标高应注"—"，正数标高可以不注"＋"，如 5.250、—0.005。

（3）等间距的连续尺寸。

对于等间距的连续尺寸，可以用"个数 x 等长尺寸＝总长"的形式注写，如图 1.21 所示。

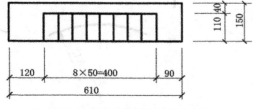

图 1.21　所示连续排列的等长尺寸

1.7　手工绘图的一般方法

1.7.1　准备工作 1

尺规作图的一般步骤。准备工作：绘图工具和绘图环境。画铅笔底稿：用硬些的细铅笔画底稿，画底稿时用力比较轻，可以不区分线型，以便于修改。图上的各种文字打底稿时只画格子和导线，而具体写字要放在下一阶段。描黑：用中等软硬的铅笔描绘直线，用软些的铅笔描绘圆。写字也要放在这个阶段完成。复制：复印或晒图

对所绘图样进行阅读了解，在绘图前尽量做到心中有数。准备好必需的绘图仪器、工具、用品，并且把图板、一字尺、丁字尺、三角板、比例尺等擦洗干净，把绘图工具、用品放在桌子的右边，但不能影响丁字尺的上下移动。选好图纸，将图纸用胶带纸固定在图板的适当位置，此时必须使图纸的上边对准丁字尺的上边缘，然后下移使丁字尺的上边缘对准图纸的下边。如图 1.22 所示。画底稿的铅笔用 2H 或 3H，所有的线应轻而细，不可反复描绘，

能看清就可以了。加深粗实线的铅笔用 HB 或 B、2B,加深细实线的铅笔用 H 或 HB,加深圆弧时所用的铅芯,应比加深同类直线所用的铅芯软一号。修正时,如果是铅笔加深图,可用擦图片配合橡皮进行,尽量缩小擦拭的面积,以免损坏图纸。

1.7.2 绘图方法

根据制图标准的要求,首先把图框线以及标题栏的位置画好。依据所画图形的大小、多少及复杂程度选择好比例,然后安排各个图形的位置,定好图形的中心线,图面布置要适中、匀称,以便获得良好的图面效果。首先画图形的主要轮廓线,其次由大到小,由外到里,由整体到局部,画出图形的所有轮廓线。画出尺寸线以及尺寸界线等。最后检查修正底稿,改正错误,补全遗漏,擦去多余线条。加深图线时,必须是先曲线,其次直线,最后为斜线,各类线型的加深顺序为:细单点长画线、细实线、中实线、粗实线、粗虚线。同类图线要保持粗细、深浅一致,按照水平线从上到下、垂直线从左到右的顺序一次完成。最后画出起止符,注写尺寸数字、说明,填写标题栏,加深图框线。

一栋建筑工程的施工,往往需要几套图纸。为了满足施工上的需要,经常要用墨线把图样描绘在描图纸(也称硫酸纸)上,再用来晒制成蓝图,以便进行现场施工。描图的步骤与铅笔加深的顺序相同,同一粗细的线要尽量一次画出,以便提高绘图的效率。描墨线图时,每画完一条线一定要等墨水干透再画,否则容易弄脏图面。

图 1.22 手工绘图准备

图纸有绘图纸和描图纸两种。

绘图纸:用于画铅笔图或墨线图,要求纸面洁白、质地坚实,并以橡皮擦

拭不起毛、画墨线不洇为好。如图 1.23 所示。

图 1.23　手工绘图纸

描图纸（也称硫酸纸）：专门用于墨线笔或绘图笔等描绘作图的，并以此复制蓝图，要求其透明度好、表面平整挺括。

1.8　几何作图

1.8.1　等分作图

（1）二等分线段：线段的二等分可用平面几何中作垂直平分线的方法来画，其作图方法和步骤如图 1.24 所示。

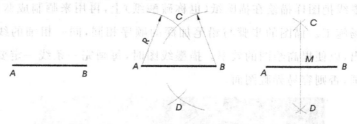

（a）已知线段 AB。　（b）分别以 A、B 为圆心，大于　（c）连接 CD 交 AB 于 M，
$\qquad\qquad\qquad\quad\dfrac{1}{2}AB$ 的长度 R 为半径　　　　M 即为 AB 的中点。
$\qquad\qquad\qquad\quad$作弧，两弧交于 C、D。

图 1.24　二等分线段

（2）任意等分线段（以五等分为例）：把已知线段 AB 五等分，可用作平行线法求得各等分点，其作图方法和步骤如图 1.25 所示。

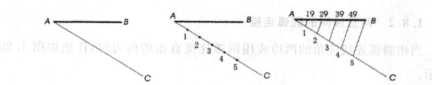

（a）自 A 点任意引一直线 AC。　（b）在 AC 上截取任意　（c）连接 5B，分别过 1、2、3、4
　　　　　　　　　　　　　　　　　等分长度的五个等　　　　各点作 5B 的平行线，即
　　　　　　　　　　　　　　　　　分点。　　　　　　　　　得等分点 1′、2′、3′、4′。

图 1.25　任意分等段

（3）三等分圆周并作圆内接正三角形：用圆规三等分圆周并作圆内接正三角形，作图方法和步骤如图 1.26 所示。用丁字尺和三角板三等分圆周并作圆内接正三角形，作图方法和步骤如图 1.27 所示。

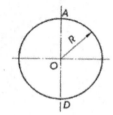 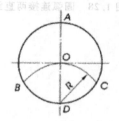 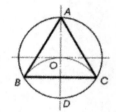

（a）已知半径为 R 的圆　　（b）以 D 为圆心，R 为半　　（c）连接 AB、AC、BC，即
　　及圆上两点 A、D。　　　　　径作弧得 B、C 两点。　　　　得圆内接正三角形。

图 1.26　用圆规三等分圆周并作圆内接正三角形

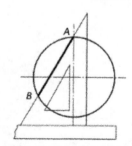 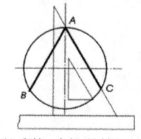 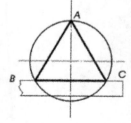

（a）将 60°三角板的短直角边　　（b）翻转三角板，沿斜边过　　（c）用丁字尺连接 BC，即
　　紧靠丁字尺工作边，沿斜　　　　点 A 作直线 AC。　　　　　　得圆内接正三角形
　　边过点 A 作直线 AB。　　　　　　　　　　　　　　　　　　ABC。

图 1.27　用丁字尺和三角板三等分圆周并作圆内接正三角形

1.8.2 两直线间的圆弧连接

当用圆弧连接钝角的两边或用圆弧连接直角的两边时,作法如图 1.28 所示。

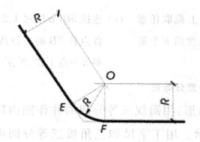

（a）圆弧连接钝角的两边　　　　　　（b）圆弧连接直角的两边

图 1.28　圆弧连接两直线

第2章 正投影法基础及原理

2.1 投影基本知识

2.1.1 投影的概念与分类

把空间形体表示在平面上,是以投影法为基础的。投影法源出于日常生活中光的投射成影这个物理现象。例如,当电灯光照射室内的一张桌子时,必有影子落在地板上;如果把桌子搬到太阳光下,那么,必有影子落在地面上。在制图中,把光源称为投影中心,光线称为投射线,光线的射向称为投射方向,落影的平面(如地面、墙面等)称为投影面,影子的轮廓称为投影,用投影表示物体的形状和大小的方法称为投影法,用投影法画出的物体图形称为投影图,如图 2.1 所示。

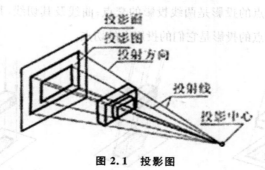

图 2.1 投影图

投影分中心投影和平行投影两大类。当投影中心 S 距投影面 P 为有限远时,所有的投射线都从投影中心一点出发(如同人眼观看物体或电灯照射物体),

这种投影方法称为中心投影法。用中心投影法获得的投影通常能反应表达对象的三维空间形态,立体感强,但度量性差。这种图习惯上称之为透视图,如图 2.2(a)所示。当投影中心 S 据投影面 P 为无穷远时,所有的投射线变得互相平行(如同太阳光一样),这种投影法称为平行投影法。其中,根据投射线与投影面的相对位置的不同,又可分为正投影法和斜投影法两种。平行投射线倾斜于投影面的称为斜投影,如图 2.2(b)所示;平行投射线垂直于投影面的称为正投影,如图 2.2(c)所示。用正投影法绘制出的图形称为正投影图,如图 2.3 所示。投影法的基本性质:① 同素性:点的投影是点,直线的投影一般仍是直线,曲线的投影一般仍是曲线。② 从属性:投影不破坏点与线的从属关系。点在线上,点的投影在线的同面投影上。③ 积聚性:积聚是指在一定条件下,直线、平面和某些曲面的投影发生聚合的现象。积聚成的点、线称为积聚投影。针对这些积聚投影常说它们有积聚性。图形在平行投影中保持不变的性质称为图形的相仿性,平面图形非退化的平行投影,其形状是原图形的相仿形。在相仿形中主要有如下一些相仿性质:① 平行性,空间互相平行的直线其投影仍保持互相平行。② 定比性,空间直线上两线段长度之比或两平行线段的长度之比,在其投影上仍保持不变。③ 凸凹性,平面图形的平行投影不改变其凸凹特征,即凸多边形的平行投影仍是凸多边形,凹多边形上向内凹进的顶点的投影,是多边形投影向内凹进的顶点。④ 接合性,共面两线之间的接合关系在平行投影中不被破坏。相交两线的投影仍然相交,两线交点的投影是两线投影的交点;曲线及其切线,其平行投影仍然保持相切,并且切点的投影是它们的投影上的切点。

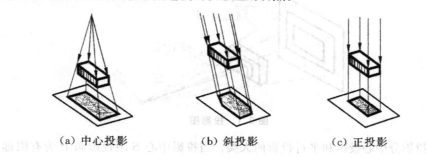

（a）中心投影　　　　　（b）斜投影　　　　　（c）正投影

图 2.2 投影分类

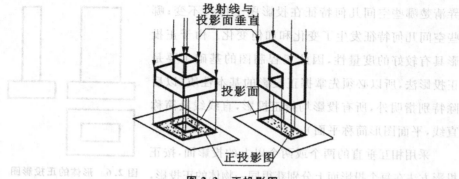

图 2.3　正投影图

2.1.2　工程中常用的四种图示法

（1）透视投影图。

透视投影法属于中心投影法。以视点为投射中心，将建筑物投射到画面上，得到的单面投影称为透视图。这种图很接近人们观看景物时的视觉效果，形象逼真，但作图特别费时，通常也是作为辅助图样使用。图 2.4 是

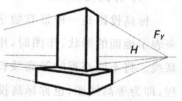

图 2.4　形体的透视投影图

按中心投影法画出的透视投影图，只需一个投影面。优点：图形逼真，直观性强。缺点：作图复杂，形体的尺寸不能直接在图中度量，故不能作为施工依据，仅用于建筑设计方案的比较及工艺美术和宣传广告画等。

（2）轴测投影图。

图 2.5 所示是轴测投影图（也称立体图），它是平行投影的一种，画图时只需一个投影面。优点：立体感强，非常直观。缺点：作图较繁，表面形状在图中往往失真，度量性差，只能作为工程上的辅助图样。

（3）正投影图。

研究投影的基本性质，旨在研究空间几何元素本身与其落在投影面上的投影之间的一一对应关系。其中最主要的是要

图 2.5　形体的轴测投影图

弄清楚哪些空间几何特征在投影图上保持不变；哪些空间几何特征发生了变化和如何变化。由于正投影具有较好的度量性，因此工程制图的基础主要是正投影法，所以必须先掌握正投影的基本性质（以后除特别指明外，所有投影均指正投影，直线线段简称直线，平面图形简称平面）。

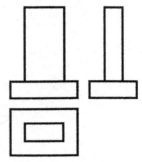

图 2.6　形体的正投影图

采用相互垂直的两个或两个以上的投影面，按正投影方法在每个投影面上分别获得同一物体的正投影，然后按规则展开在一个平面上，便得到物体的多面正投影图，如图 2.6 所示。优点是作图较其他图示法简便，便于度量，工程上应用最广，但缺乏立体感。

（4）标高投影图。

标高投影是一种带有数字标记的单面正投影。在建筑工程上，常用它来表示地面的形状，作图时，用一组等距离的水平面切割地面，其交线为等高线。将不同高程的等高线投影在水平的投影面上，并注出各等高线的高程，即为等高线图，也称标高投影图，如图 2.7 所示。

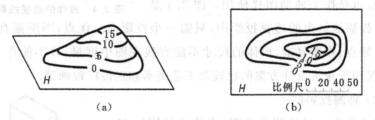

（a）　　　　　　　　　　　　　　　　（b）

图 2.7　标高投影图

2.2　三面正投影图

2.2.1　多面正投影

由于多面正投影是本书研究的主要内容，故由此开始，凡是讨论多面正投影的部分，都把正投影简称为投影。在特殊情形下，当直线平行于投影面时,则其平行投影将反映线段的实长;当平面图形平行于投影面时,则其上的所有线段都将平行于投影面,因此整个图形的平行投影将反映原图形的真实形状和大小,称之为原图形的实形。前已述及,当形体与投影面的相对位置确定以后,其投影即被唯一地确定;但仅有形体的一个投影却不能反应过来确定形体本身的形状和大小。因此,工程上常采用在两个或三个两两互相垂直的投影面上作投影的方法来表达形体,以满足可逆性的要求。图2.8中空间四个不同形状的物体,它们在同一个投影面上的正投影却是相同的。

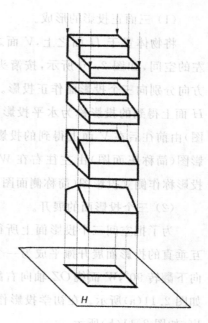

图2.8　物体的一个正投影不能确定
其空间的形状

由于单面正投影具有不可逆性,为确切地、唯一地反映空间立体的位置和形状,须采用多面投影相互补充。一般来说,空间立体有正面、侧面和顶面三个方面的形状;具有长度、宽度和高度三个方向的尺寸。物体的一个正投影,只反映了一个方面的形状和两个方向的尺寸。为了反映物体三个方面的形状,常采用三面投影图。

通常,采用三个相互垂直的平面作为投影面,构成三投影面体系,如图2.9所示。水平位置的平面称作水平投影面;与水平投影面垂直相交呈正立位置的平面称为正立投影面;位于右侧与H、V面均垂直相交的平面称为侧立投影面。

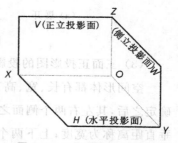

图2.9　三投影面的建立

（1）三面正投影的形成。

将物体置于 H 面之上，V 面之前，W 面之左的空间，如图 2.10 所示，按箭头所指的投影方向分别向三个投影面作正投影。由上往下在 H 面上得到的投影称为水平投影图（简称平面图）由前往后在 V 面上得到的投影称作正立投影图（简称正面图）由左往右在 W 面上得到的投影称作侧立投影图（简称侧面图）。

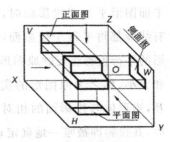

图 2.10　投影图的形成

（2）三个投影面的展开。

为了把空间三个投影面上所得到的投影画在一个平面上，需将三个相互垂直的投影面展开摊平成为一个平面。即 V 面保持不动，H 面绕 OX 轴向下翻转 $90°$，W 面绕 OZ 轴向右翻转 $90°$，使它们与 V 面处在同一平面上，如图 2.11(a) 所示。在初学投影作图时，最好将投影轴保留，并用细实线画出，如图 2.11(b) 所示。

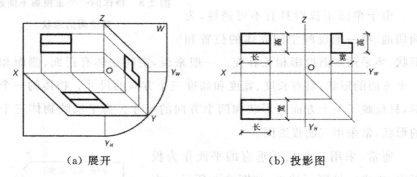

|（a）展开 |（b）投影图 |

图 2.11　投影面展开

（3）三面正投影图的投影规律。

空间形体都有长、宽、高三个方向的尺度。如一个四棱柱，当它的正面确定之后，其左右两个侧面之间的垂直距离称为长度；前后两个侧面之间的垂直距离称为宽度；上下两个平面之间的垂直距离称为高度，如图 2.12 所示。三面正投影图具有下述投影规律：

① 投影对应规律。

投影对应规律是指各投影图之间在量度方向上的相互对应。正面、平面长对正（等长）；正面、侧面高平齐（等高）；平面、侧面宽相等（等宽）。

② 方位对应规律。

方位对应规律是指各投影图之间在方向位置上相互对应。在三面投影图中，每个投影图各反映其中四个方位的情况，即：平面图反映物体的左右和前后；正面图反映物体的左右和上下；侧面图反映物体的前后和上下，如图 2.13 所示。

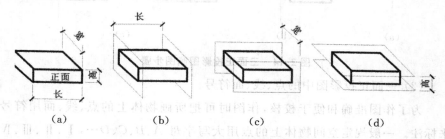

(a)　　　(b)　　　(c)　　　(d)

图 2.12　形体的长、宽、高

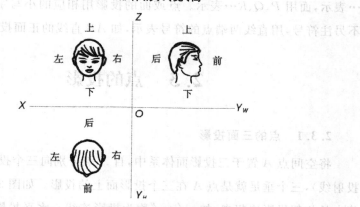

图 2.13　投影图与物体的方位关系

2.2.2　三面正投影图的画法

（1）作图方法与步骤。

先画出水平和垂直十字相交线表示投影轴，如图 2.14（a）所示。根据"三等"关系：正面图和平面图的各个相应部分用铅垂线对正（等长）；正面图和侧面图的各个相应部分用水平线拉齐(等高),如图 2.14(b)所示;利用平面图和侧面图的等宽关系,从 O 点作一条向右下斜的 45°线,然后在平面图上向右引水平线,与 45°线相交后再向上引铅垂线,把平面图中的宽度反映到侧面投影中去,如图 2.14(c)所示。

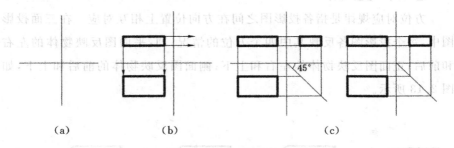

(a)　　　　　(b)　　　　　(c)

图 2.14　三面正投影图画图步骤

(2) 三面正投影图中的点、线、面符号。

为了作图准确和便于校核,作图时可把所画物体上的点、线、面用符号来标注。一般规定空间物体上的点用大写字母 A、B、C、D…、$Ⅰ$、$Ⅱ$、$Ⅲ$、$Ⅳ$…表示,面用 P、Q、R…表示。点或面的投影用相应的小写字母表示。直线不另注符号,用直线两端点的符号表示,如 AB 直线的正面投影是 $a'b'$。

2.3　点的投影

2.3.1　点的三面投影

将空间点 A 置于三投影面体系中,自 A 点分别向三个投影面作垂线(即投射线),三个垂足就是点 A 在三个投影面上的投影。如图 2.15。用细实线将点的相邻投影连起来,如 aa'、aa''称为投影连线。水平投影 a 与侧面投影 a''不能直接相连,作图时常以图 2.15 所示的借助斜角线或圆弧来实现这个联系。

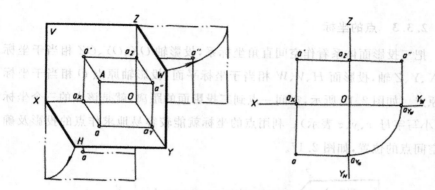

图 2.15　点的三面投影

2.3.2　点的投影规律

点是构成形体的最基本元素。为了把握好所画投影图的正确性,现在从形体上分离点加以研究。

(1) 点在两投影面体系中的投影。

空间点的投影仍然是点。规定:空间点的标识使用大写字母,如 A、B、C…;点的水平投影用相应的小写字母表示,如 a、b、c…;点的正面投影用相应的小写字母及有商家加注一撇表示,如 a'、b'、c'…;点的侧面投影用相应的小写字母及其右上角加注两撇表示,如 a''、b''、c''…。

点的正面投影 a' 和水平投影 a 的连线必垂直于 X 轴,即 $aa' \perp OX$;点的正面投影 a' 与侧面投影 a'' 的连线必垂直于 Z 轴,即 $a'a'' \perp OZ$;点的水平投影 a 到 OX 轴的距离等于其侧面投影 a'' 到 OZ 轴的距离,即 $aax=a''az$;点在任何投影面上的投影仍然是点。

[例 2.1]　已知点 A 的两面投影 a'、a,求作点 A 的侧面投影 a''。

[解]　根据点的投影规律,a'' 的求作方法如图 2.16 所示。

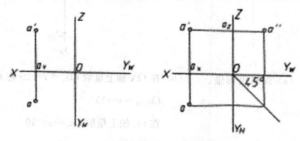

图 2.16　已知点的两投影作第三投影

2.3.3　点的坐标

把三投影面体系看作空间直角坐标系,投影轴 OX、OY、OZ 相当于坐标轴 X、Y、Z 轴,投影面 H、V、W 相当于坐标平面,投影轴原点 O 相当于坐标系原点。如图 2.17 所示,空间一点到三投影面的距离,就是该点的三个坐标(用小写字母 x、y、z 表示)。利用点的坐标就能较容易地求作点的投影及确定空间点的位置,如图 2.17。

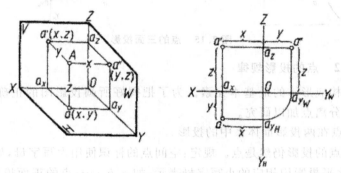

图 2.17　点的坐标

[例 2.2]　已知点 A 的坐标 $x=20$,$y=15$,$z=10$,即:$A(20,15,10)$,求作点 A 的三面投影图。

[解]　作法见图 2.18。

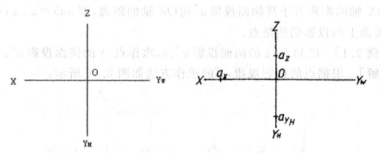

　　（a）画出投影轴。　　（b）在 OX 轴上量取 $Oa_x = x = 20$ 在 OY_H 轴上量取

$$Oa_{Y_H} = y = 15$$

在 O_Z 轴上量取 $Oa_z = z = 10$

图 2.18　根据点的坐标作投影图

特殊位置的点:当点在某一投影面上时,它的坐标必有一个为零,三个投影中必有两个投影位于投影轴上;当点在某一投影轴上时,它的坐标必有两个为零,三个投影中必有两个投影位于投影轴上,另一个投影则与坐标原点重合;当点在坐标原点上时,它的三个坐标均为零。

[**例 2.3**] 已知点 B 的坐标 $x=20, y=0, z=10$,即:$B(20,0,10)$,求作点 B 的三面投影图。

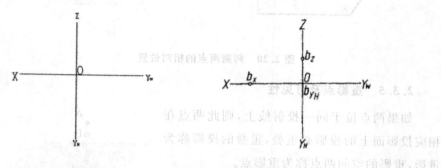

(a) 画出投影轴。 (b) 在 OX 轴上量取 $Ob_x=x=20$

在 OY_H 轴上量取 $Ob_{Y_H}=y=0$

在 OZ 轴上量取 $Ob_z=z=10$

图 2.19 根据坐标求点的三面投影

[**解**] 作法见图 2.19。

2.3.4 两点的相对位置

空间两点的相对位置可以用三面正投影图来标定;反之,根据点的投影也可以判断出空间两点的相对位置。在三面投影中,规定:OX 轴向左、OY 轴向前、OZ 轴向上为三条轴的正方向。在投影图中,x 坐标可确定点在三投影面体系中的左右位置,y 坐标可确定点的前后位置,z 坐标可确定点的上下位置。

[**例 2.4**] 试判断 C、D 两点的相对位置。

[**解**] 如图 2.20。

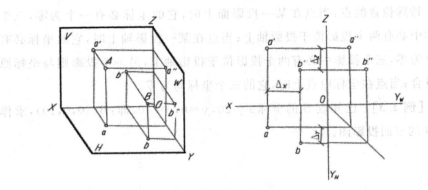

图 2.20　判别两点的相对位置

2.3.5　重影点及可见性

　　如果两点位于同一投射线上,则此两点在相应投影面上的投影必重叠,重叠的投影称为重影,重影的空间两点称为重影点。

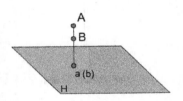

图 2.21　重影点

　　如图 2.21 中,A、B 是位于同一投射线上的两点,它们在 H 面上的投影 a 和 b 相重叠。A 在 H 面上为可见点,点 B 为不可见点。

　　[例 2.5]　已知点 A、B 的三面投影如图 2.22,判别重影点的可见性。

　　[解]　(1)两点的水平投影 a、b 重合,如图 2.22。

　　(2)从上向下投影时,a 可见,b 不可见,不可见的投影 b 加括号以示区别。

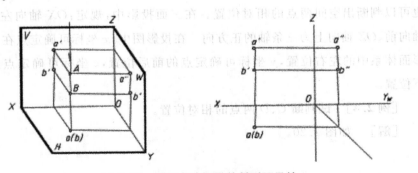

图 2.22　求作点的投影并判别可见性

2.3.6 点的辅助投影

为了解决某一问题,有目的地在某基本投影面上适当的地方设立一个与之垂直的投影面,借以辅助解题,这种投影面称为辅助投影面。辅助投影面上的投影,称为辅助投影。设立辅助投影面 V_1 垂直于 H,与 H 交出辅助投影轴 O_1X_1,V_1 和 H 构成新的二投影面体系(V_1/H)。垂直于 V_1 面投射,得辅助投影 a'_1,投影面展开后得新的投影图,a 和 a'_1 符合点的两面投影规律。因为 A 点高度未变,故 a'_1 距 O_1X_1 的距离等于 a' 距 OX 的距离。这就提供了根据原有投影作辅助投影的方法,点的辅助投影如图 2.23。

也可以设立辅助投影面 H_1 垂直于 V,构建新的二投影面体系(V/H_1)。垂直于 H_1 面投射,得辅助投影 a_1,投影面展开后得新的投影图,a' 和 a_1 符合点的两面投影规律。因为 A 点距 V 的距离未变,故 a_1 距 O_1X_1 的距离等于 a 距 OX 的距离,点的辅助投影如图 2.24。

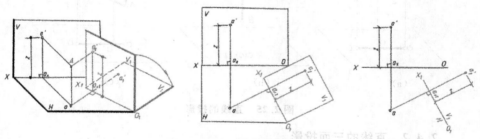

图 2.23　点的辅助投影(一)

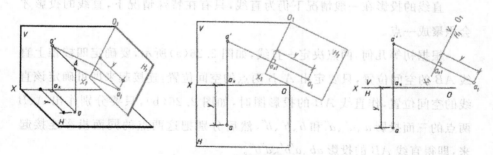

图 2.24　点的辅助投影(二)

2.4 直线的投影

2.4.1 直线的投影规律

真实性:直线平行于投影面时,其投影仍为直线,并且反映实长,这种性质称为真实性,如图 2.25(a)。积聚性:直线垂直于投影面时,其投影积聚为一点,这种性质称为积聚性,如图 2.25(b)。收缩性:直线倾斜于投影面时,其投影仍是直线,但长度缩短,不反映实长,这种性质称为收缩性,如图2.25(c)。

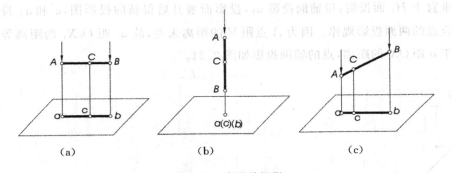

图 2.25 直线的投影

2.4.2 直线的三面投影

直线的投影在一般情况下仍为直线,只有在特殊情况下,直线的投影才会积聚成一点。

根据初等几何,两点决定一直线,如图 2.26(a)所示,要确定四棱锥上直线 AB 的空间位置,只要定出 A、B 两点的空间位置,连接起来即可确定该直线的空间位置,作直线 AB 的投影图时,如图 2.26(b),只要分别作出 A、B 两点的三面投影 a、a'、a'' 和 b、b'、b'',然后分别把这两点的同面投影连接起来,即得直线 AB 的投影 ab、$a'b'$、$a''b''$。

首先作出直线上两端点在三个投影面上的各个投影,然后分别连接这两个端点的同面投影即为该直线的投影,如图 2.26 所示。

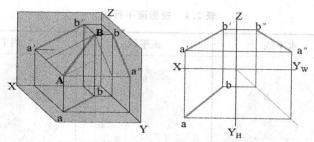

图 2.26　作直线的三面正投影图(投影面的倾斜线)

2.4.3　各种位置直线及投影特性

空间直线按其相对于三个投影面的不同位置关系可分为三种:投影面平行线、投影面垂直线和投影面倾斜线。前两种称为特殊位置直线,后一种称为一般位置直线。

(1) 投影面平行线。

投影面平行线指平行于一个投影面,而倾斜于另外两个投影面的直线。投影面平行线可分为:正平线、水平线和侧平线。其中,平行于水平投影面的直线简称为水平线;平行于正立投影面的直线简称为;平行于侧立面投影的直线简称为侧平线

这三种平行线的投影图如表 2.1 所示。

投影特性:

直线在所平行的投影面上的投影反映实长,并且该投影与投影轴的夹角(α、β、γ)等于直线对其他两个投影面的倾角。直线在另外两个投影面上的投影分别平行于相应的投影轴,但其投影长度缩短。

投影特性:

直线在所平行的投影面上的投影反映实长,并且该投影与投影轴的夹角(α、β、γ)等于直线对其他两个投影面的倾角。直线在另外两个投影面上的投影分别平行于相应的投影轴,但其投影长度缩短。

平行线空间位置的判别:一斜两直线,定是平行线;斜线在哪面,平行哪个面。

表 2.1 投影面平行线

名称	水平线	正平线	侧平线
直观图			
投影图			

（2）投影面垂直线。

投影面垂直线是指垂直于一个投影面,而平行于另外两个投影面的直线。

其分类及投影图:

投影面垂直线可分为:正垂线、铅垂线和侧垂线。其中,垂直于水平的直线简称为铅垂线;垂直于正立投影面的直线简称为正垂线;垂直于侧立投影面的直线简称为侧垂线。

这三种垂直线的投影图如表 2.2 所示。

投影面垂直线的投影特性:

直线在所垂直的投影面上的投影积聚成一点。

直线在另外两个投影面上的投影同时平行于一条相应的投影轴且均反映实长。

垂直线空间位置的判别:一点两直线,定是垂直线;点在哪个面,垂直哪个面。

表 2.2　投影面垂直线

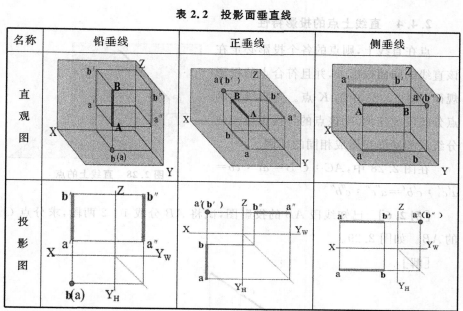

名称	铅垂线	正垂线	侧垂线
直观图			
投影图			

（3）一般位置线。

定义：与三个投影面均倾斜的直线，称为一般位置线。

投影图：一般位置线在 H、V、W 三个投影面上的投影如图 2.27 所示。

投影特性：直线的三个投影仍为直线，但不反映实长；

直线的各个投影都倾斜于投影轴

一般位置线的判别：三个投影三个斜，定是一般位置线。

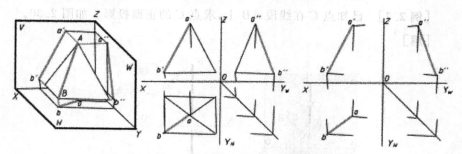

图 2.27　作直线的三面正投影图（投影面的倾斜线）

2.4.4 直线上点的投影特性

点在直线上,则点的各个投影必定在该直线的同面投影上,并且符合点的投影规律,如图 2.28 中的 K 点。若直线上的点分线段成比例,则该点的各投影也相应分线段的同面投影成相同的比例。

在图 2.28 中,$AC:CB=ac:cb=a'c':c'b'=a''c'':c''b''$

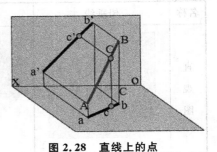

图 2.28 直线上的点

[例 2.6] 已知线段 AB 的投影图,试将 AB 分成 $1:2$ 两段,求分点 C 的 AB。如图 2.29。

[解]

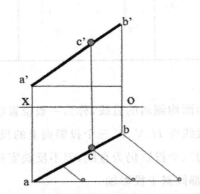

图 2.29 利用定比性作直线上点的投影

[例 2.7] 已知点 C 在线段 AB 上,求点 C 的正面投影。如图 2.30。

[解]

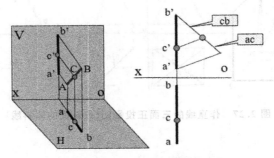

图 2.30 求作直线上点的投影

[例 2.8] 已知线段 AB 的投影,试定出属于线段 AB 的点 C 的投影,使 BC 的实长等于已知长度 L。如图 2.31。

[解]

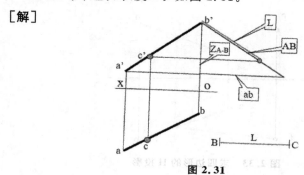

图 2.31

2.4.5 两直线的相对位置

空间两直线有三种不同的相对位置,即相交、平行和交叉。两相交直线或两平行直线都在同一平面上,所以它们都称为共面线。两交叉直线不在同一平面上,所以称为异面线。

(1) 两相交直线。

AB 与 BC 相交,各同面投影均相交,且各投影的交点符合同一点的投影规律。任意倾斜二直线的任两个投影的交点符合一点的投影规律,即能认定二直线是相交的。但对于二直线中有一条是某个投影面的平行线,则必需看该直线所平行的那个投影面上的投影才能说明问题。

两直线相交时,如图 2.32 的 AB 和 CD,它们的交点 K 既是 AB 线上的一点,又是 CD 线上的一点。

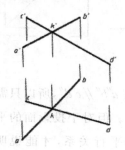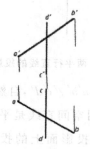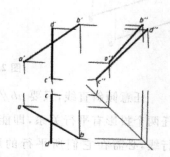

图 2.32 两相交直线的投影

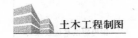
[**例 2.9**] 从 F 点作直线，使其与 AB、CD 均相交。

[**解**] 作图步骤如图 2.33。

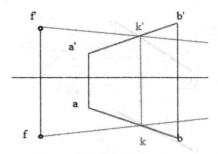

图 2.33 求四边形的 H 投影

（2）两平行直线。

根据平行投影的特性可知，两平行直线在同一投影面上的投影相互平行。反之，如果两直线的同面投影都平行，则空间两直线必定平行，从投影图上判别两直线是否平行时，一般根据两面投影便可以判断两直线是否平行，但当直线为某投影面的平行线时，如图 2.34 所示，则需由他们在该投影面上的投影上的投影参加判断才能说明问题，如图 2.34 所示。

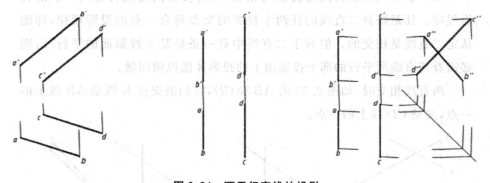

图 2.34 两平行直线的投影

任意倾斜直线，只要 $ab /\!/ cd$，$a'b' /\!/ c'd'$，自然就有 $a''b'' /\!/ c''d''$，所以只需任两个投影有平行关系，即能说明空间直线是平行的。但对于投影面的平行线，必需在它们所平行的那个投影面上的投影有平行关系，才能说明问题。

［**例 2.10**］　*AB*、*CD* 两直线平行,画出两直线的投影。

［**解**］　如图 2.35 所示。

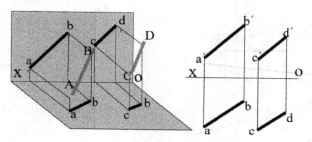

图 2.35　作平行四边形的投影

（3）两交错直线。

两交错直线既不平行,也不相交。虽然两交错直线的某一同面投影有时可能平行,但所有同面投影不可能同时都相互平行。两交叉直线的同面投影也可能相交,但这个交点只不过是两直线的一对重影点的重合投影。例如图 2.36。

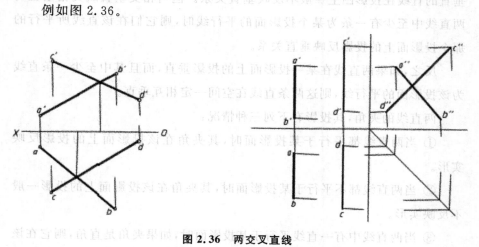

图 2.36　两交叉直线

［**例 2.11**］　判断二交错直线上一对重影点的投影的位置。

［**解**］　如图 2.37 所示。

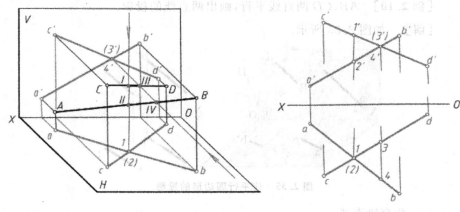

图 2.37

（4）两相互垂直直线。

在投影图上一般不能如实反映相交两条直线间的夹角大小，所以互相垂直的直线在投影图上一般不反映垂直关系。但当相交垂直或交错垂直的两直线中至少有一条为某个投影面的平行线时，则它们在该直线所平行的那个投影面上的投影反映垂直关系。

反之，如果两直线在某一投影面上的投影垂直，而且其中至少一条直线为该投影面的平行线，则这两条直线在空间一定相互垂直。

两直线的夹角，其投影有下列三种情况：

① 当两直线都平行于某投影面时，其夹角在该投影面上的投影反映实形。

② 当两直线都不平行于某投影面时，其夹角在该投影面上的投影一般不反映实形。

③ 当两直线中有一直线平行于某投影面时，如果夹角是直角，则它在该投影面上的投影仍然是直角。

如图 2.38 所示，直线 AB 垂直于 BC，其中 AB 是水平线。

两交叉直线也有相互垂直的。

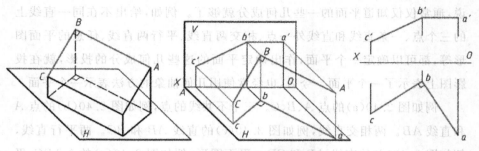

图 2.38　两相互垂直的直线

[例 2.12]　作直线 KL 与 AB、CD 相交,且平行于 EF 直线。(图 2.39)。

[解]

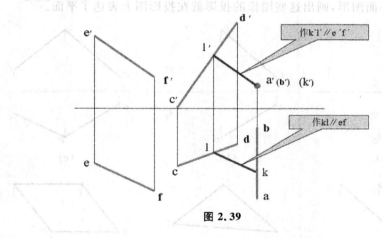

作k'l'∥e'f'

a'(b')(k')

作kl∥ef

图 2.39

2.5　平面的投影

2.5.1　平面表示法

平面是广阔无边的,它在空间的位置可用下列的几何元素来确定和表示。不在同一直线的三个点,平面立体的表面是平面多边形,画出这些多边形的顶点、边线的投影就表示了立体的各个表面。但从确定平面的位置来

说,通常仅仅知道平面的一些几何成分就够了。例如,给出不在同一直线上的三个点、一条直线和直线外一点、相交两直线、平行两直线、任意的平面图形等,都可以确定一个平面,作出确定平面的这些几何成分的投影,就在投影图上表示了一个平面。今后,也经常使用几何抽象的方法表示一个平面。

例如图 2.40(a)的点 A、B、C。三个不共线的点,例如图 2.40(b)的点 A 和直线 AB。两相交直线,例如图 3.40(c)的直线 AB 和 BC。两平行直线,例如图 2.40(d)的直线 AB 和 CD。平面图形,例如图 2.40(e)的 $\triangle ABC$,平行四边形 $ABCD$。

平面立体的表面是平面多边形,画出了这些多边形的顶点和边线的投影,就表示了立体的各个表面。进一步说,立体(包括曲面立体)上平面的表现形式是平面图形,画出这些图像的投影就在投影图上表达了平面。

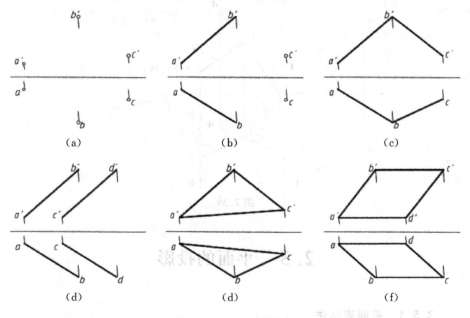

图 2.40 平面的表示法

几何上确定一个平面可以有许多方法,但从确定平面的位置来说,通常仅仅知道平面的一些几何成分就够了。例如,给出不在同一条直线的三个点,一条直线和直线外的一个点,相交的两直线、平行的两直线,任意的平面图形(三角形、四边形、园、椭圆等)等都可以确定一个平面。不难看出,这些形式直线是可以相互转化的。做出确定平面的这些几何成分的投影,就在投影图上表示了一个平面。今后经常要用这些几何抽象的形式来研究平面。

2.5.2 平面的投影规律

真实性:平面平行于投影面时,其投影仍为一个平面,且反映该平面的实际形状,这种性质称为真实性,如图 2.41(a)。

积聚性:积聚性是指直线,平面或某些曲面在一定的条线下投影发生聚合的现象。当直线通过了投射中心或与投射方向一致时,其投影积聚成一点。直线 AB 平行于投射方向,过直线 AB 上所有点的投射线都将重合,所以 AB 在投影面上的投影面上的投影将重合成一点,此点即为 AB 上所有点的积聚投影。

当平面图形通过了投射中心或平行于投射方向时,其投影积聚成一条直线 ABCD 平行于投射方向,过平面上所有点的投射线都将在 ABCD 平面内,它们与投影面的交点将集合为一条直线,该直线即平面的积聚投影,平面上所有点的投影都积聚在此直线上。平面垂直于投影面时,其投影积聚为一直线,这种性质称为积聚性,如图 2.41(b)。

收缩性:平面倾斜于投影面时,其投影为不反映实形且缩小了的类似形线框,这种性质称为收缩性,如图 2.41(c)。

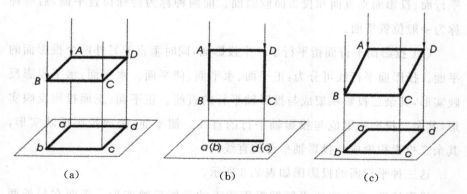

（a）　　　　　　　　　（b）　　　　　　　　　（c）

图 2.41　平面的投影

2.5.3 平面的三面投影

对于一些较复杂的形体,或者形体的置放位置不合适,只有两个投影还是不能确定其形状。解决办法就是设置第三个投影面,做出形体的第三个投影。

平面通常是由点、线或线、线所围成。因此,求作平面的投影,实质上也是求作点和线的投影。如图 2.42,空间一平面 △P,若将其三个顶点投影作出,再将各同面投影连接起来,即为三角形 P 平面的投影。

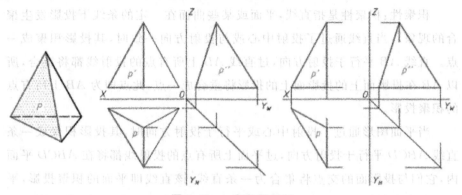

图 2.42 一般位置平面

2.5.4 各种位置平面及投影特性

空间平面按其相对三个投影面的不同位置关系可分为三种,即投影面平行面、投影面垂直面和投影面倾斜面。前两种称为特殊位置平面,后一种称为一般位置平面。

(1) 投影面平行面指平行于一个投影面,同时垂直于另外两个投影面的平面。投影面平行线可分为:正平面、水平面、侧平面。水平面:水平投影反映实形,其余二投影积聚成与投影轴平行的直线。正平面:正面投影反映实形,其余二投影积聚成与投影轴平行的直线。侧平面:侧面投影反映实形,其余二投影积聚成与投影轴平行的直线。

这三种平行面的投影图如表 2.3 所示。

投影特性:平面在所平行的投影面上的投影反映实形。平面在另外两个投影面上的投影积聚成直线,且分别平行于相应的投影轴。

平行面空间位置的判别：一框两直线，定是平行面；框在哪个面，平行哪个面。

表 2.3　投影面平行面

名称	水平面	正平面	侧平面
直观图	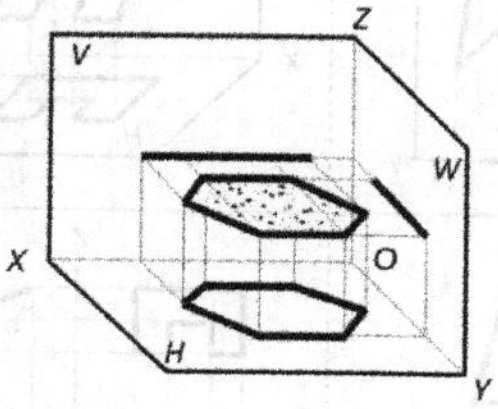	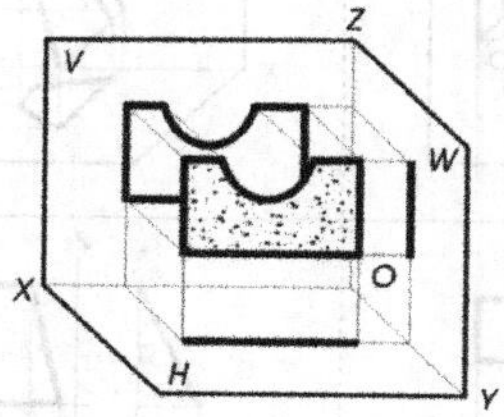	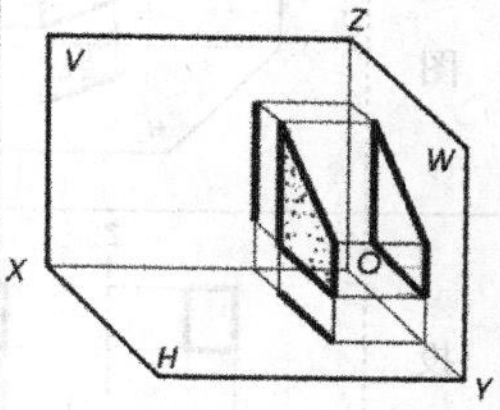
投影图	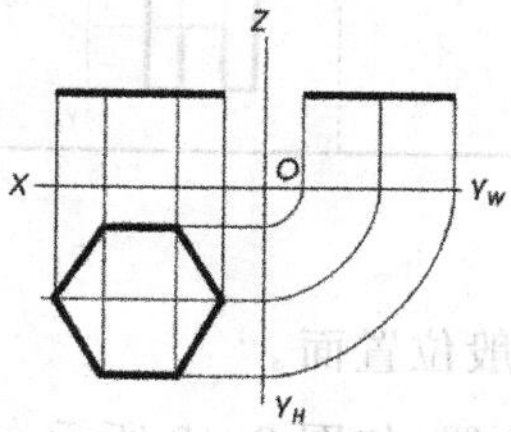	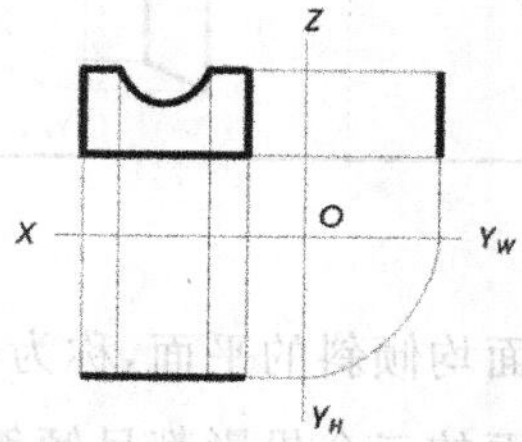	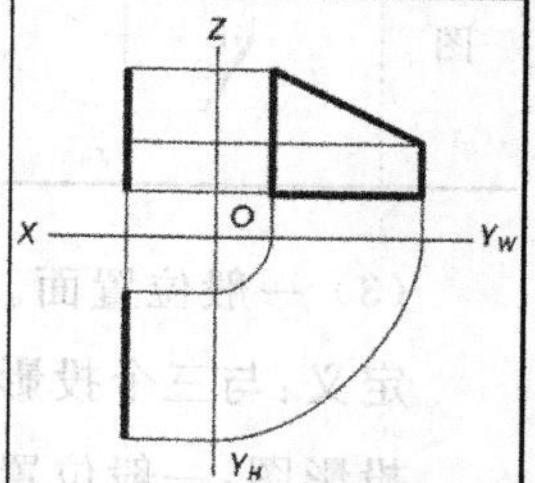

（2）投影面垂直面。

定义：指垂直于一个投影面，同时倾斜于另外两个投影面的平面。

分类及投影图：

投影面平行线可分为：正垂面、铅垂面、侧垂面。铅垂面：水平投影积聚成倾斜直线，其余二投影为相仿形。正垂面：正面投影积聚成倾斜直线，其余二投影为相仿形。侧垂面：侧面投影积聚成倾斜直线，其余二投影为相仿形。这三种垂直面的投影图如表 2.4 所示。

投影特性：平面在所垂直的投影面上的投影，积聚成一条倾斜于投影轴的直线，且此直线与投影轴之间的夹角等于空间平面对另外两个投影面的倾角。平面在与它倾斜的两个投影面上的投影为缩小了的类似线框。

平行面空间位置的判别：两框一斜线，定是垂直面；斜线在哪面，垂直哪个面。

表 2.4　投影面垂直面

名称	铅垂面	正垂面	侧垂面
直观图			
投影图			

（3）一般位置面。

定义：与三个投影面均倾斜的平面，称为一般位置面。

投影图：一般位置面的三个投影都呈倾斜位置，如图 2.43 所示。

投影特性：平面的三个投影既没有积聚性，也不反映实形，而是原平面图形的类似形。

一般位置线的判别：三个投影三个框，定是一般位置面。

[**例 2.13**]　试判断图 2.43 所示的立体表面上平面的空间位置。

[**解**]

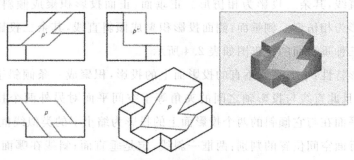

图 2.43　立体表面平面的空间位置

2.5.5　平面上的直线与点

（1）平面上的直线：一直线若通过平面内的两点，则此直线必位于该平面上，由此可知，平面上直线的投影，必定是过平面上两已知点的同面投影的连线。

（2）平面上的点：若点在直线上，直线在平面上，则点必定在平面上。

（3）在平面上取点、取线：在平面上取点，首先要在平面上取线。而在平面上取线，又离不开在平面上取点。利用直线上点的投影特性，如果点在直线上，由点的一个投影，可以作出它的其余两投影（当点的已知投影在直线的积聚投影上时例外）。

〔例 2.14〕　判断 K 点是否在平面上，如图 2.44。

〔解〕

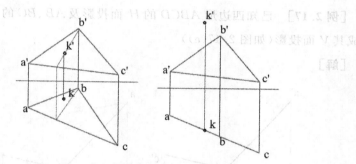

图 2.44　点和平面相对位置判断

〔例 2.15〕　MN 是三角形平面内的一条直线，已知 $m'n'$，求 mn。

〔解〕　如图 2.45 所示。

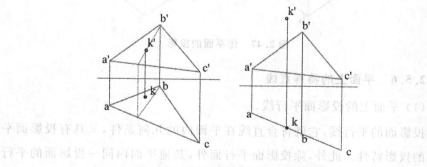

图 2.45　求作平面上水平线的投影

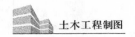

[例 2.16]　已知 K 点在平面 ABC 上，求 K 点的水平投影，如图 2.46。

[解]

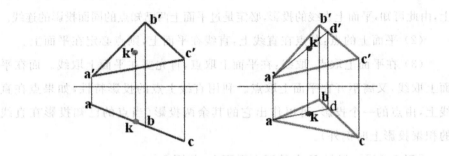

图 2.46　作平面上点的投影

[例 2.17]　已知四边形 $ABCD$ 的 H 面投影及 AB、BC 的 V 面投影，试完成其 V 面投影（如图 2.47(a)）。

[解]

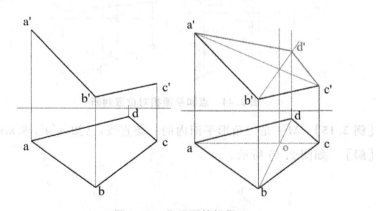

图 2.47　作平面的投影

2.5.6　平面上的特殊直线

（1）平面上的投影面平行线。

投影面的平行线，它既符合直线在平面内的几何条件，又具有投影面平行线的投影特性。此外，除投影面平行面外，其他平面内同一投影面的平行线还是一组互相平行的直线，它们的同面投影有相同的方向。常用的有平面上的正平线和水平线。要在一般面 ABC 上作一条正平线,可根据正平线的 H 投影是水平的这个投影特点,先在 ABC 的水平投影上作一任意水平线,作为所求正平线的 H 投影,然后作出它的 V 投影,如图 2.48 所示。在 ABC 上作水平线,也要抓住它的 V 投影一定水平的投影特点,作图步骤如图 2.48 所示。

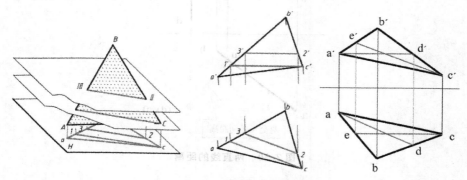

图 2.48   面上作正平线和水平线

(2) 平面上的最大斜度线。

平面上对某投影面的最大斜度线,就是在该面上对该投影面倾角最大的一条直线。它必然垂直于平面上平行于该投影面的所有直线,包括该平面与该投影面的交线(迹线)。最大倾斜线的投影特性:1. 对投影面倾角最大的直线;2. 最大倾斜线垂直于平面内的投影面平行线;3. 平面对投影面的夹角等于平面内的最大倾斜线对投影面的倾角。如图 2.49 所示,

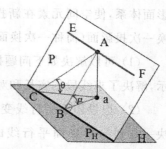

图 2.49   作面上的最大斜度线

2.6   投影变换

2.6.1   概述

求两直线的距离问题如图 2.50 所示,过于复杂;而利用某些方法,使原

来对投影面处于一般位置的空间几何元素,变换为对投影面处于特殊位置或其他有利于解决问题的位置,称为投影变换,可以使问题简单化。

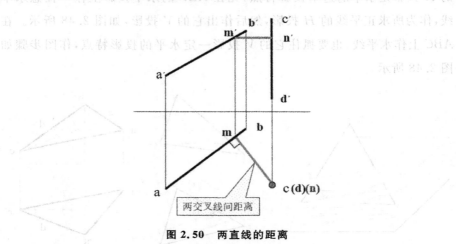

图 2.50　两直线的距离

2.6.2　换面法

采用换面法时,令空间元素保持不动,通过设立辅助投影面建立新的投影面体系,使空间元素在新投影面体系中处在有利于解题的位置。通过更换一次投影面(简称一次换面)。

(1)可以解决如下问题把一般线变为新投影面的平行线,图 2.51(a)所示,解决了求线段的实长和对另一投影面的倾角问题。

(2)把投影面平行线变为新投影面的垂直线,图 2.51(b)所示,可以解决一点到一投影面平行线的距离和两根平行的投影面平行线的距离等问题。

(3)把一般面变为新投影面的垂直面,图 2.51(c)所示,解决了平面对投影面的倾角、一点到一平面的距离、两平行面间的距离、直线与一般面的交点和两平面交线等问题。

(4)把投影面垂直面变为新投影面的平行面,图 2.51(d)所示,解决了求投影面垂直面的实形问题。

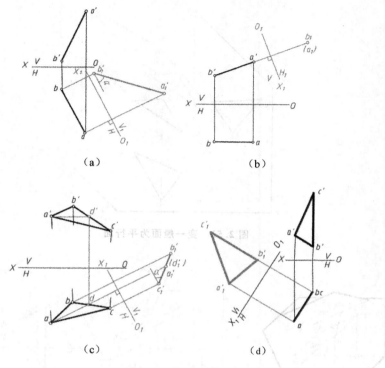

图 2.51　一次换面法

　　总结上述一次换面的经验可知,在设立新投影面时,必须注意:新投影面必须设立在使空间元素有利于解题的位置。新投影面必须垂直于原有投影面体系中的一个投影面,使新投影面和与它垂直的那个原投影面组成一个新投影面体系,才能应用正投影规律作出空间元素的新投影。

　　一般线 AB 要变换为投影面垂直线,必须经过二次换面。如图 2.52 所示,要把一般面变换为新投影面的平行面,也要经过二次换面才能完成。所谓二次换面,实质上就是进行两次"一次换面"。现以处于 V—H 投影面体系中的点 A 为例,说明一次换面的作图方法,如图 2.53、2.54 所示。

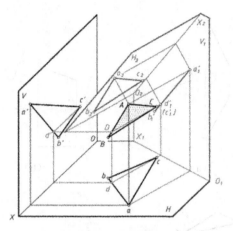

图 2.52 变一般面为平行面

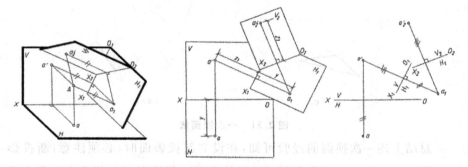

图 2.53 点的二次换面法

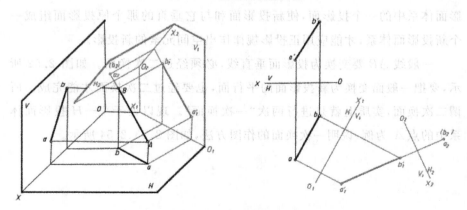

图 2.54 线的二次换面法

[**例 2.18**] 求点 K 到直线 AB 的距离。如图 2.55、图 2.56、图 5.57 所示。

[**解**]

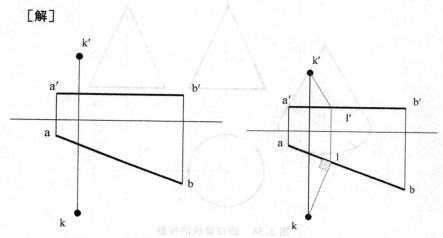

图 2.55　点 K 与直线 AB　　　　　图 2.56

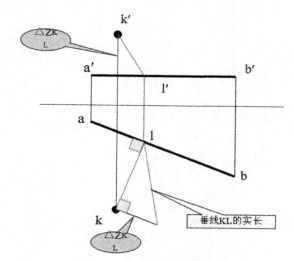

图 2.57　求点 K 到直线的距离

2.6.3　旋转法

与换面法不同,旋转法不需要设立新的投影面,而是使直线和平面等几何要素绕某一轴线旋转到对原投影面处于有利于解题的位置,因此又称为

换位法。当圆锥轴线垂直于 H 面时,圆锥素线的投影如图 2.58。

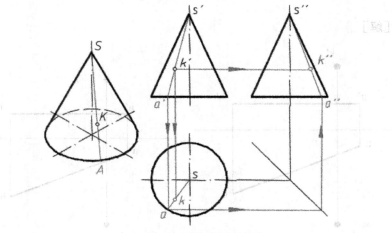

图 2.58　圆锥素线的投影

第 3 章　基本体的投影

分析一般的房屋形状，不难看出，都是由一些几何体组成。如图 3.1 所示的房屋是由棱柱、棱锥等组成；如图 3.2 所示的水塔是由圆柱、圆台等组成。我们把这些组成建筑形体的最简单但又规则的几何体，叫作基本体。

根据表面的组成情况，基本体可分为平面体和曲面体两种。

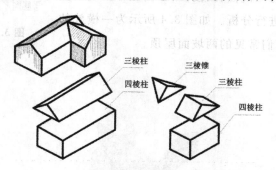

图 3.1　房屋形体的分析

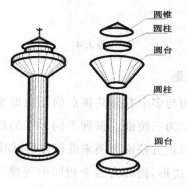

图 3.2　水塔形体分析

3.1　平面体的投影

平面体:表面由若干平面围成的基本体,叫作平面体。作平面体的投影,就是作出组成平面体的各平面的投影。平面体有棱柱、棱锥、棱台等。

如图 3.3 所示,有两个三角形平面互相平行,其余各平面都是四边形,并且每相邻两个四边形的公共边都互相平行,由这些平面所围成的基本体称为棱柱。

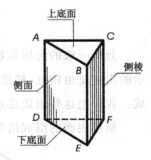

图 3.3　三棱柱

当底面为三角形、四边形、五边形……时,所组成的棱柱分别为三棱柱、四棱柱、五棱柱等。现以正三棱柱为例来进行分析。如图 3.4 所示为一横放的正三棱柱,即我们常见的两坡面屋顶。

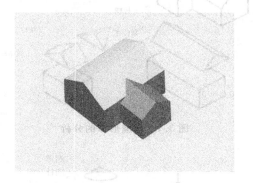

图 3.4

3.1.2　棱锥的投影

由一个多边形平面与多个有公共顶点的三角形平面所围成的几何体称为棱锥。如图 3.5 所示为三棱锥。根据不同形状的底面,棱锥有三棱锥、四棱锥和五棱锥等。现以正五棱锥为例来进行分析,如图 3.6 所示。正五棱锥的特点是:底面为正五边形,侧面为五个相同的等腰三角形。通过顶点向底面作垂线(即高),垂足在底面正五边形的中心。用平行于棱锥底面的平面切割棱锥,底面和截面之间的部分称为棱台,如图3.7所示。由三棱锥、四棱锥、五棱锥……切得的棱台,分别称为三棱台、四棱台、五棱台……

现以正四棱台为例进行分析,如图3.8所示。平面体的投影,实质上就是其各个侧面的投影,而各个侧面的投影实际上是用其各个侧棱投影来表示,侧棱的投影又是其各顶点投影的连线而成。平面体的投影特点如下。

(1)平面体的投影,实质上就是点、直线和平面投影的集合。

(2)投影图中的线条,可能是直线的投影,或是平面的积聚投影。

(3)投影图中线段的交点,可能是点的投影,也可能是直线的积聚投影。

(4)投影图中任何一封闭的线框都表示立体上某平面的投影。

(5)当向某投影面作投影时,凡看得见的直线用实线表示,看不见的直线用虚线表示。

(6)在一般情况下,当平面的所有边线都看得见时,该平面才看得见。

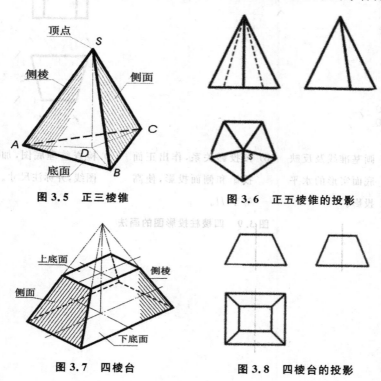

图3.5　正三棱锥　　　　　图3.6　正五棱锥的投影

图3.7　四棱台　　　　　图3.8　四棱台的投影

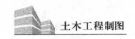

3.1.3 平面体投影图的画法

（1）已知四棱柱的底面为等腰梯形，梯形两底边长为 a、b，高为 h，四棱柱高为 H，作四棱柱投影图的方法如图 3.9 所示。

（2）已知六棱锥的底边长为 L，高为 H，作六棱锥投影图的方法如图 3.10 所示。

（3）已知三棱台的底边为等边三角形，其中上底边长为 b，下底边长为 a，高为 H，作三棱台的投影图如图 3.11 所示。

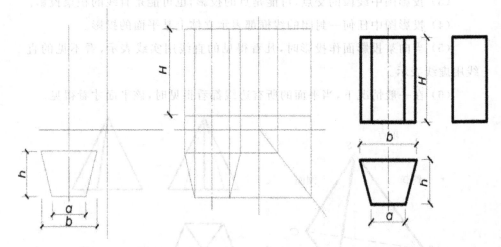

（a）画基准线及反映　（b）按投影关系，作出正面　（c）检查整理底图，加深
　　底面实形的水平　　　　投影和侧面投影，使高　　　图线，并标注尺寸。
　　投影。　　　　　　　　等于 H。

图 3.9　四棱柱投影图的画法

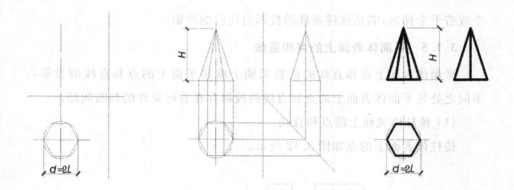

（a）画基准线及反
映底面实形的
水平投影。

（b）按投影关系，作出正
面投影和侧面投影，
使高等于 H。

（c）检查整理底图,加深
图线,并标注尺寸。

图 3.10　六棱锥投影图的画法

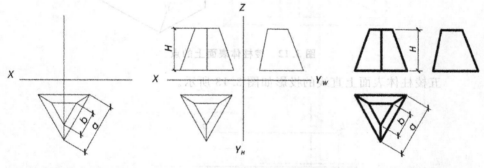

（a）画基准线及反映上、下
底面实形的水平投影。

（b）按投影关系及三棱台的
高作其他两个投影。

（c）检查底图,整理并描
深图线,并标注尺寸。

图 3.11　三棱台投影图的画法

3.1.4　平面体投影图的识读

（1）棱柱的三个投影,其中一个投影为多边形,另两个投影分别为一个
或若干个矩形,满足这样条件的投影图为棱柱体的投影。

（2）棱锥的三个投影,一个投影外轮廓线为多边形,另两个投影为一个
或若干个有公共顶点的三角形,满足这样条件的投影是棱锥体的投影。

（3）棱台的三个投影,一个投影为两个相似的多边形,另两个投影为一

个或若干个梯形,满足这样条件的投影为棱台的投影。

3.1.5 平面体表面上的点和直线

平面体表面上点和直线的投影实质上就是平面上的点和直线的投影,不同之处是平面体表面上的点和直线的投影存在着可见性的判断问题。

(1)棱柱体表面上的点和直线。

棱柱体表面上的点如图 3.12 所示。

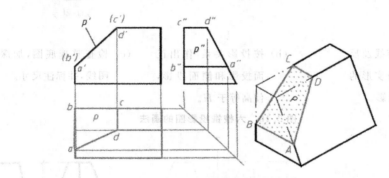

图 3.12　棱柱体表面上的点

五棱柱体表面上直线的投影如图 3.13 所示。

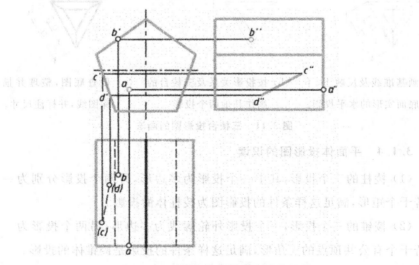

图 3.13　五棱柱体表面上直线的投影

（2）棱锥体表面上的点和直线。

三棱锥体表面上点的投影如图 3.14 所示。

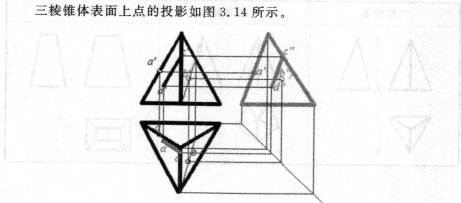

图 3.14　三棱锥体表面上点的投影

3.1.6　平面体的尺寸标注

（1）平面体只要标注出它的长、宽和高的尺寸，就可以确定它的大小。

（2）尺寸一般注在反映实形的投影上，尽量集中标注在一两个投影的下方和右方，必要时才注在上方和左方。

（3）一个尺寸只需要标注一次，尽量避免重复。

（4）正多边形的大小，可标注其外接圆周的直径。

平面体的尺寸标注如表 3.1 所示。

表 3.1　平面体的尺寸标注

四棱柱体	三棱柱体	四棱柱体
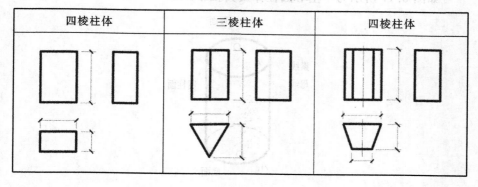		

续表

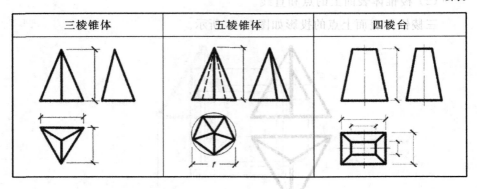

三棱锥体	五棱锥体	四棱台

3.2 曲面体的投影

基本体的表面是由曲面或由平面和曲面围成的体叫作曲面体。曲面体有圆柱、圆锥、圆台和球体等。

3.2.1 圆柱体的投影

直线 AA_1 绕着与它平行的直线 OO_1 旋转,所得圆柱体如图 3.15 所示。

如图 3.16 所示为一圆柱体,该圆柱的轴线垂直于水平投影面,顶面与底面平行于水平投影面。其投影如图所示。

如图 3.17 所示为一空心圆柱体及其投影。

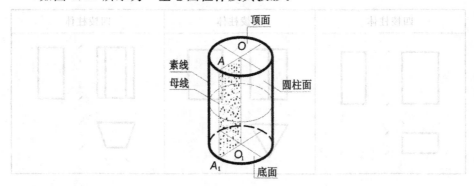

图 3.15 圆柱体

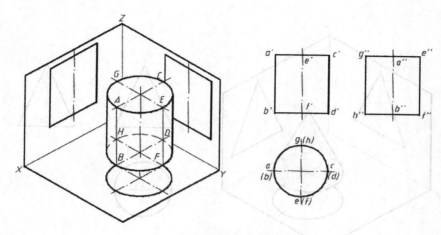

图 3.16　圆柱体的投影

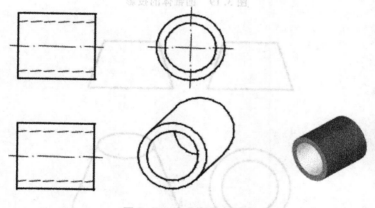

图 3.17　空心圆柱投影

3.2.2　圆锥体的投影

直线 SA 绕与它相交的另一直线 SO 旋转，所得
轨迹是圆锥面，圆锥体如图 3.18 所示。

如图 3.19 所示，正圆锥体的轴与水平投影面垂
直，即底面平行于水平投影面，其投影如图所示。

如图 3.20 所示，该圆台轴线与水平投影面垂直。

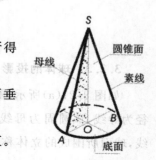

图 3.18　圆锥体

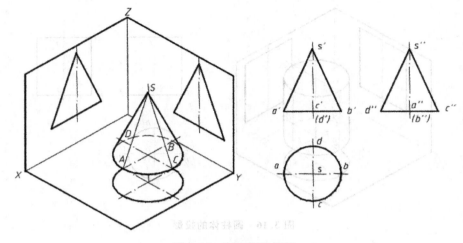

图 3.19　圆锥体的投影

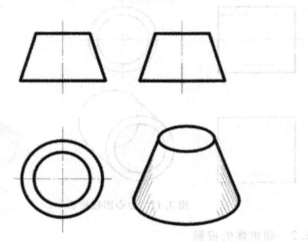

图 3.20　圆台的投影

3.2.3　球体的投影

如图 3.21(a)所示,圆周曲线绕着它的直径旋转,所得轨迹为球面,该直径为导线,该圆周为母线,母线在球面上任一位置时的轨迹称为球面的素线,球面所围成的立体称为球体。球体的投影为三个直径相等的圆。如图 3.21 所示。

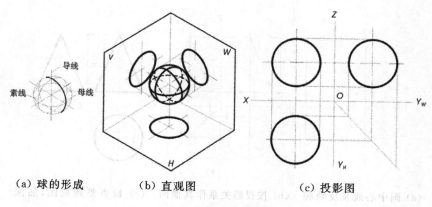

（a）球的形成　　　（b）直观图　　　（c）投影图

图 3.21　球的投影

3.2.4　曲面体投影图的画法

作曲面体的投影图时，应先用细单点长画线作出曲面体的中心线和轴线，再作其投影。

圆柱体投影图的画法，如图 3.22 所示。

圆锥体投影图的画法，如图 3.23 所示。

圆台投影图的画法，如图 3.24 所示。

球体投影图的画法，如图 3.25 所示。

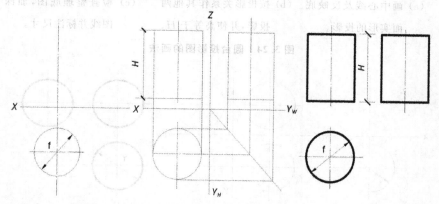

（a）画中心线及反映底　　　（b）按投影关系作其他两　　　（c）检查整理底图，加深
　　面实形的投影。　　　　　　　投影，并使高等于 *H*。　　　　图线，并标注尺寸。

图 3.22　圆柱投影图的画法

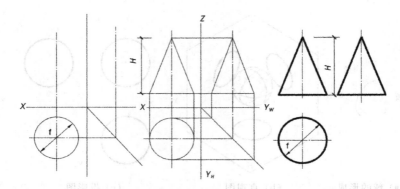

（a）画中心线及反映底　　（b）按投影关系作其他两　　（c）检查整理底图，加深
　　　面实形的投影。　　　　　投影，并使高等于 H。　　　图线，并标注尺寸。

图 3.23　圆锥投影图的画法

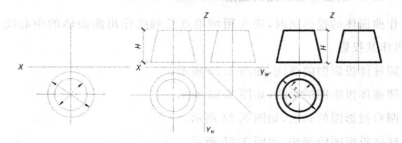

（a）画中心线及反映底　　（b）按投影关系作其他两　　（c）检查整理底图，加深
　　　面实形的投影。　　　　　投影，并使高等于 H。　　　图线并标注尺寸。

图 3.24　圆台投影图的画法

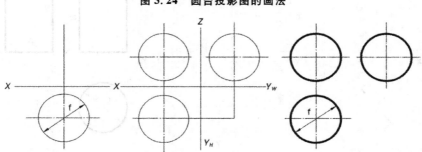

（a）画水平投影的中心　　（b）按照投影关系作其他　　（c）检查底图，加深图线并
　　　线及水平投影。　　　　　两投影。　　　　　　　　标注尺寸。

图 3.25　球体投影图的画法

3.2.5　曲面体投影图的识读

圆柱体的三个投影图分别是一个圆和两个全等的矩形,且矩形的长度等于圆的直径。满足这样三个投影图的立体是圆柱。

圆锥体的三个投影图分别是一个圆和两个全等的等腰三角形,且三角形的底边长等于圆的直径,满足这样要求的投影图是圆锥体的投影图

球体的三个投影都是圆,如果满足这样的要求或者已知一个投影是圆且所注直径前加注字母"S"则为球体的投影。

3.2.6　曲面体表面上的点和直线

曲面体表面上的点和平面体表面上的点相似。为了作图方便,在求曲面体表面上的点时,可把点分为两类:

特殊位置的点,如圆柱、圆锥的最前、最后、最左、最右、底边,球体上平行于三个投影面的最大圆周上等位置上的点,这样的点可直接利用线上点的方法求得。

其他位置的点可利用曲面体投影的积聚性、辅助素线法和辅助圆等方法求得。

（1）圆柱体表面上的点和线。

正圆柱体表面上点的投影如图 3.26 所示。

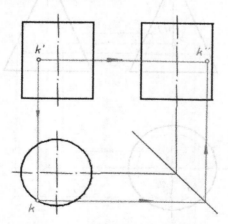

图 3.26　正圆柱体表面上点的投影

[**例 3.1**]　已知圆柱体上线段 1-2-3-4 的正面投影,求作 1-2-3-4 的其他投影(如图 3.27 所示)。

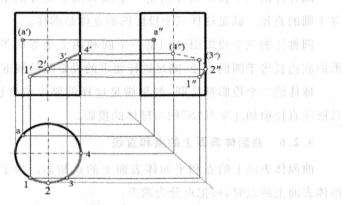

图 3.27　圆柱体表面上线段的投影

(2)圆锥体表面上的点和线。

素线法:圆锥体上任一素线都是通过顶点的直线,已知圆锥体上一点时,可过该点作素线,先作出该素线的三面投影,再利用线上点的投影求得。如图 3.28 所示。辅助圆法(纬圆法)如图 3.29 所示。

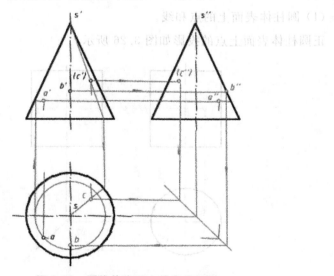

图 3.28　圆锥体表面上的点的投影

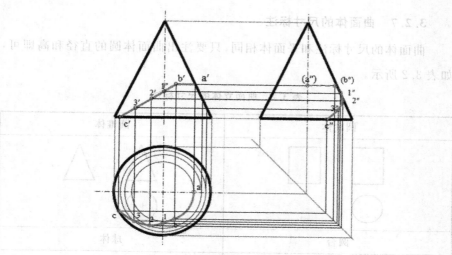

图 3.29　正圆锥体表面上线段的投影

（3）球体表面上的点和线。

球体表面上点和线投影的作图方法可以利用辅助圆法求得。

[**例3.3**]　如图 3.30,已知球体表面上点 A 和点 B 的正面投影,作点 A 和点 B 的另两个投影。

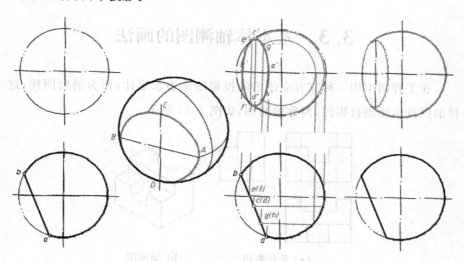

图 3.30　球体表面上点的投影

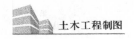

3.2.7 曲面体的尺寸标注

曲面体的尺寸标注和平面体相同,只要注出曲面体圆的直径和高即可,如表 3.2 所示。

表 3.2 曲面立体的尺寸标注

圆柱体		圆锥体	
圆台		球体	

3.3 基本体轴测图的画法

在工程图中用一种富有立体感的投影图来表示形体,作为辅助图样,这样的图称为轴测投影图,简称轴测图,如图 3.31 所示。

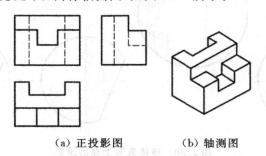

（a）正投影图　　　　（b）轴测图

图 3.31 垫座的正投影图和轴测图

3.3.1 轴测投影概述

（1）轴测投影的概念。

如图 3.32 所示,在作形体投影图时如果选取适当的投影方向将物体连同确定物体长、宽、高三个尺度的直角坐标轴,同平行投影的方法一起投影到一个投影面(轴测投影面)上所得到的投影,称为轴测投影。应用轴测投影的方法绘制的投影图叫作轴测图。

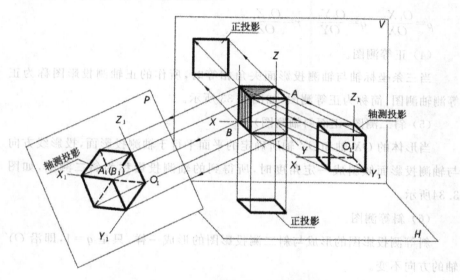

图 3.32　正方体的正投影和轴测投影

（2）轴测投影的分类。

将物体的三个直角坐标轴与轴测投影面倾斜,投影线垂直于投影面,所得的轴测投影图称为正轴测投影图,简称正轴测图。

当物体两个坐标轴与轴测投影面平行,投影线倾斜于投影面时,所得的轴测投影图称为斜轴测投影图,简称为斜轴测图。

由于轴测投影属于平行投影,因此其特点符合平行投影的特点。1）空间平行直线的轴测投影仍然互相平行。所以与坐标轴平行的线段,其轴测投影也平行于相应的轴测轴。2）空间两平行直线线段之比,等于相应的轴测投影之比。

（3）轴测投影的术语。

确定物体长、宽、高三个尺度的直角坐标轴 OX、OY、OZ 在轴测投影面上的投影分别用 O_1X_1、O_1Y_1、O_1Z_1 来表示，叫作轴测轴。

轴测轴之间的夹角 $\angle X_1O_1Y_1$、$\angle Y_1O_1Z_1$、$\angle Z_1O_1X_1$ 称为轴间角。

在轴测投影中，平行于空间坐标轴方向的线段，其投影长度与其空间长度之比，称为轴向变形系数，分别用 p、q、r 表示。

$$\rho=\frac{O_1X_1}{OX} \quad q=\frac{O_1Y_1}{OY} \quad r=\frac{O_1Z_1}{OZ}$$

（4）正等测图。

当三条坐标轴与轴测投影面夹角相等时，所作的正轴测投影图称为正等测轴测图，简称为正等测图，如图 3.33 所示。

（5）斜二测图（正面斜轴测图）。

当形体的 OX 轴和 OZ 轴所确定的平面平行于轴测投影面，投影线方向与轴测投影面倾斜成一定角度时，所得到的轴测投影称为斜二测图，如图 3.34所示。

（6）斜等测图。

斜等测投影图的形成与斜二测投影图的形成一样，只是 $q=1$，即沿 OY 轴的方向不变。

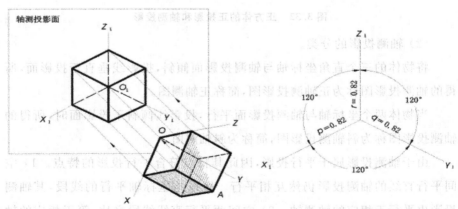

(a) 正等测轴测投影的形成　　　　　　(b) 轴间角和轴向缩短系数

图 3.33　正等测轴测投影

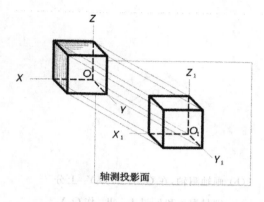

（a）斜二测轴测投影的形成

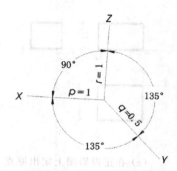

（b）斜二测轴测投影的轴
间角和轴向缩短系数

图 3.34　斜二测轴测投影

3.3.2　基本体轴测投影图的画法

画基本体轴测投影图的方法主要采用坐标法。坐标法是根据物体表面上各点的坐标，画出各点的轴测图，然后依次连接各点，即得该物体的轴测图。在作图过程中利用轴测投影的特点，作图的速度将更快，更简捷。

（1）平面体的轴测图画法。

① 正等测图。

画正等测图时，应先用丁字尺配合三角板作出轴测轴。如图 3.35 所示。

[例 3.4]　用坐标法作长方体的正等测图，如图 3.36 所示。

[例 3.5]　作四棱台的正等测图，如图 3.37 所示。

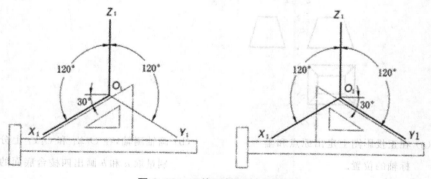

图 3.35　正等测轴测轴的画法

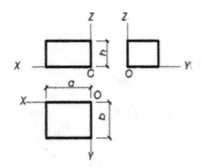

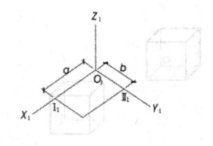

（a）在正投影图上定出原点
和坐标轴的位置。

（b）画轴测轴，在 O_1X_1 和 O_1Y_1 上分
别量取 a 和 b，过 I_1、II_1 作 O_1X_1
和 O_1Y_1 的平行线，得长方体底
面的轴测图。

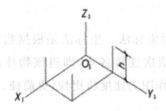

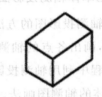

（c）过底面各角点作 O_1Z_1 轴的平行
线，量取高度 h，得长方体顶面各角
点。

（d）连接各角点，擦去多余的线，并描深，
即得长方体的正等测图，图中虚线可
不必画出。

图 3.36　长方体的正等测图的画法

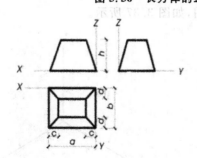

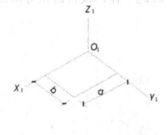

（a）在正投影图上定出原点和坐
标轴的位置。

（b）画轴测轴，在 O_1X_1 和 O_1Y_1 上分
别量取 a 和 b 画出四棱台底面的
轴测图。

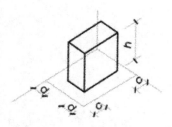 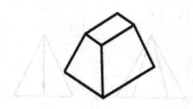

（c）在底面上用坐标法根据尺寸 c、d　（d）依次连接各点，擦去多余的线并

　　和 h 作棱台各角点的轴测图。　　　　　描深，即得四棱台的正等测图。

图 3.37　四棱台的正等测图的画法

② 斜二测图。

一般仍将 O_1Z_1 轴画成铅垂线，用丁字尺和 $45°$ 三角板画出 O_1X_1 轴和 O_1Y_1 轴，如图 3.38 所示。

〔例 3.6〕　作六棱锥的斜二测图，如图 3.39 所示。

〔例 3.7〕　利用轴测投影的特点，作垫块的斜二测图，与圆锥的斜二测图如图 3.40、3.41 所示。

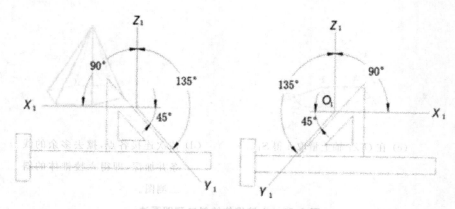

图 3.38　斜二测轴测轴的画法

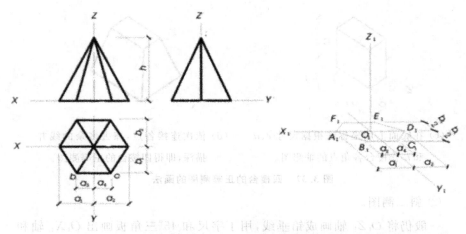

（a）在正投影图上定出原点和
坐标轴的位置。

（d）作斜二测图的轴测轴,沿 O_1X_1 量
取 a_1、a_2 得 A_1、D_1,沿 O_1X_1 量取
a_3、a_4,并作 O_1Y_1 轴平行线,沿此线
量取 $b_1/2$、$b_2/2$ 得 B_1、C_1、E_1、F_1。

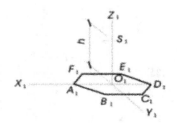

（c）在 O_1Z_1 轴上量取 h 得 S_1。

（d）依次连接各点,擦去多余的线
条并加深,即得六棱锥体的斜
二测图。

图 3.39　六棱锥体的斜二测图画法

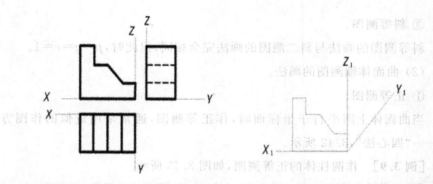

(a) 在正投影图上定出原点和坐标轴的位置。

(b) 画出斜二测图的轴测轴，并在 X_1Z_1 坐标面上画出正面图。

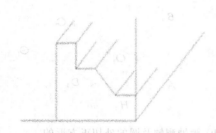

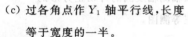

(c) 过各角点作 Y_1 轴平行线，长度等于宽度的一半。

(d) 将平行线各角点连起来加深即得其斜二测图。

图 3.40 垫块的斜二测图

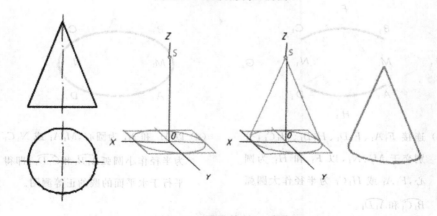

图 3.41 圆锥的斜二测图

③ 斜等测图。

斜等测图的画法与斜二测图的画法完全相同,但此时,$p=q=r=1$。

(2)曲面体轴测图的画法。

① 正等测图。

当曲面体上圆平行于坐标面时,作正等测图,通常采用近似的作图方法——"四心法",3.42 所示。

[例 3.9] 作圆柱体的正等测图,如图 3.43 所示。

[例 3.10] 作圆台的正等测图,如图 3.44、图 3.45 所示。

[例 3.11] 作平板上圆角的正等测图,如图 3.46 所示。

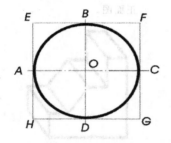

(a)在正投影图上定出原点和坐标轴位置,并作圆的外切正方形 $efgh$。

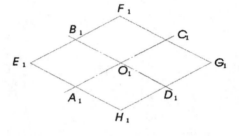

(b)画轴测轴及圆的外切正方形的正等测图。

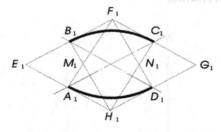

(c)连接 F_1A_1、F_1D_1、H_1B_1、H_1C_1,分别交于 M_1、N_1,以 F_1 和 H_1 为圆心,F_1A_1 或 H_1C_1 为半径作大圆弧 $\overparen{B_1C_1}$ 和 $\overparen{A_1D_1}$。

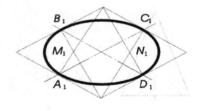

(d)以 M_1 和 N_1 为圆心,M_1A_1 或 N_1C_1 为半径作小圆弧 $\overparen{A_1B_1}$ 和 $\overparen{C_1D_1}$,即得平行于水平面的圆的正等测图。

图 3.42 用四心法画圆的正等测图——椭圆

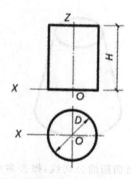

（a）在正投影图上定出原点和坐标轴
位置。

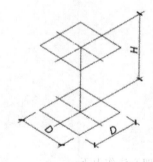

（b）根据圆柱的直径 D 和高 H，作上
下底圆外切正方形的轴测图。

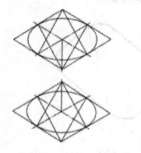

（c）用四心法画上下底圆的
轴测图。

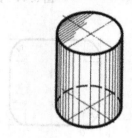

（d）作两椭圆公切线，擦去多余线条
并描深，即得圆柱体的正等测图。

图 3.43　圆柱体的正等测图画法

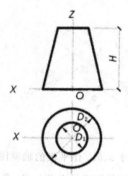

（a）在正投影图上定出原点
和坐标轴的位置。

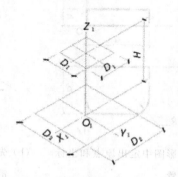

（b）根据上下底圆直径 D_1、D_2 和高 H
作圆的外切正方形的轴测图。

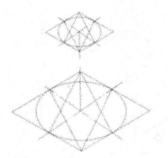 

（c）用四心法作上下
底圆的轴测图。

（d）作两椭圆的公切线,擦去多余线
条,加深,即得圆台的正等测图。

图 3.44　圆台的正等测图画法

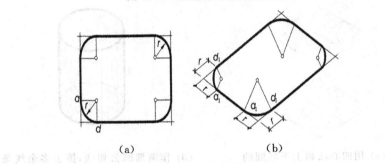

（a）　　　　　　　　　　　　　（b）

图 3.45　圆角的正等测图

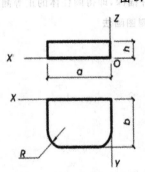 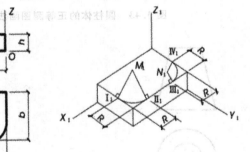

（a）在正投影图中定出原点和坐标
轴的位置。

（b）先根据尺寸 a、b、h 作平板的轴测图,由角点
沿两边分别量取半径 R 得 I₁、II₁、III₁、IV₁ 点,
过各点作直线垂直于圆角的两边,以交点
M₁、N₁ 为圆心,M₁I₁、N₁III₁ 为半径作圆弧。

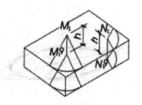 

（c）过 M_1、N_1 沿 O_1Z_1 方向作直　　　（d）作右边两圆弧切线，擦去多
　　线量取 $M_1M_1^0 = N_1N_1^0 = h$，　　　　　余线条并描深，即得有圆角
　　以 M_1^0、N_1^0 为圆心分别以　　　　　平板的正等测图。
　　$M_1\text{I}_1$、$N_1\text{III}_1$ 为半径作弧得
　　底面圆弧。

图 3.46　平板圆角的正等测图画法

② 斜二测图。

当圆平面平行于由 OX 轴和 OZ 轴决定的坐标面时，其斜二测图仍是圆。当圆平行于其他两个坐标面时，由于圆外切四边形的斜二测图是平行四边形，圆的轴测图可采用近似的作法——"八点法"作图，如图 3.47 所示。

　[例 3.12]　作带孔圆台的斜二测图，如图 3.48 所示。

　[例 3.10]　作圆锥的斜二测图，如图 3.49 所示。

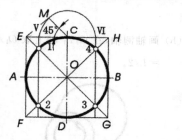 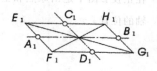

（a）作圆的外切正方形 $EFGH$，　　　（b）作圆外切正方形的斜二测图，切
　　并连接对角线 EG、FH 交圆　　　　点 A_1、B_1、C_1、D_1 即为椭圆上的
　　周于 1、2、3、4 点。　　　　　　　四个点。

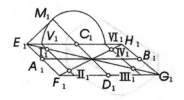

（c）以 E_1C_1 为斜边作等腰直角三角形，以 C_1 为圆心，腰长 C_1M_1 为半径作弧，交 E_1H_1 于 V_1、VI_1，过 V_1、VI_1 作 C_1D_1 的平行线与对角线交 I_1、II_1、III_1、IV_1 四点。

（d）依次用曲线板连接 A_1、I_1、C_1、IV_1、B_1、III_1、D_1、II_1、A_1 各点即得平行于水平面的圆的斜二测图。

图 3.47　用八点法作圆的斜二测图——椭圆

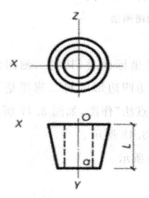
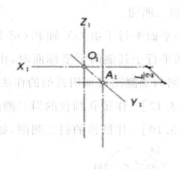

（a）在正投影图中定出原点和坐标轴的位置。

（b）画轴测轴，在 O_1Y_1 轴上取 O_1A_1 $=L/2$。

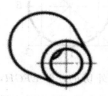

（c）分别以 O_1、A_1 为圆心，相应半径的实长为半径画两底圆及圆孔。

（d）作两底圆公切线，擦去多余线条并描深，即得带通孔圆台的斜二测图。

图 3.48　带孔圆台的斜二测图画法

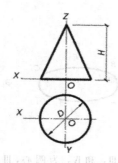 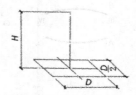

(a) 在正投影图上定出原点和坐标
　　轴的位置。

(b) 根据圆锥底圆直径 D 和圆锥的高 H，
　　作底圆外切正方形的轴测图，并在中
　　心定出高。

(c) 用八点法作圆锥底圆的轴
　　测图。

(d) 过顶点向椭圆作切线，最后检查整
　　理，加深图线或描墨，即为所求。

图 3.49　圆锥的斜二测图

③ 斜等测图。

平行于坐标面 ZOY 和 XOY 的圆外切正方形的轴测投影为菱形，作椭圆时仍可用四心法，其作图方法如图 3.50 所示。

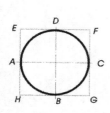 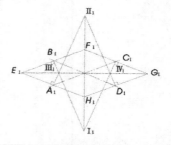

(a) 作圆的外切正方形 EFGH
　　与圆相切于点 A、B、C、D。

(b) 作圆外切正方形及直径 A_1C_1、B_1D_1，过 A_1、
　　B_1、C_1、D_1 分别作各边的垂直线交菱形对角
　　线或其延长线上于 I_1、II_1、III_1、IV_1 点。

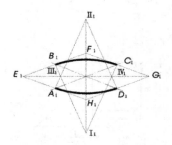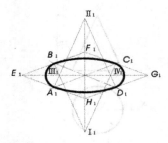

（c）以 I_1 和 II_1 为圆心，I_1B_1
和 II_1A_1 为半径作圆弧 $\overset{\frown}{B_1C_1}$
和 $\overset{\frown}{A_1D_1}$。

（d）以 III_1 和 IV_1 为圆心，III_1A_1 和
IV_1C_1 为半径，作圆弧 $\overset{\frown}{A_1B_1}$ 和
$\overset{\frown}{C_1D_1}$，连成椭圆即为所求。

图 3.50　用四心法作圆的斜等测图

第 4 章　立体的截断与相贯

4.1　平面体的截交线

平面立体的截交线,是由平面立体被平面切割后所形成。如图 4.1 所示

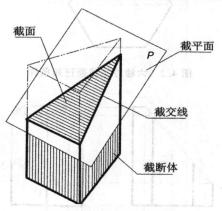

图 4.1　平面立体的截断

　　求平面立体的截交线,应先求出立体上各棱线与截平面的交点,为了清楚起见,通常把这些交点加以编号,然后将同一侧面上的两交点用直线段连接起来,即为所求的截交线。

　　立体被截断后,截去的部分如要在投影图中绘出,应用双点长画线表示。立体的截交线在投影图中如可见则用实线表示,反之为虚线,作图时一定要注意判别截交线的可见性。

　　［例 4.1］　已知正六棱柱被一正垂面 P 所截断,求作截交线的投影,如

图 4.2 所示。

[解] 求截交线如图 4.3 所示

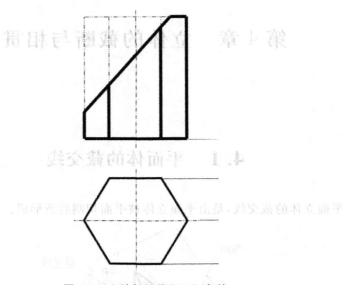

图 4.2 六棱柱被截断已知条件

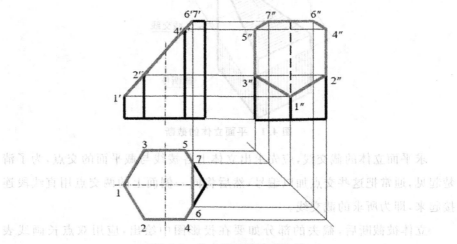

图 4.3 作六四棱柱的截交线

[例 4.2] 已知四棱锥被一正垂面 P 所切割,求作截交线的投影,如图 4.4所示。

[**解**] 求截交线如图 4.5 所示

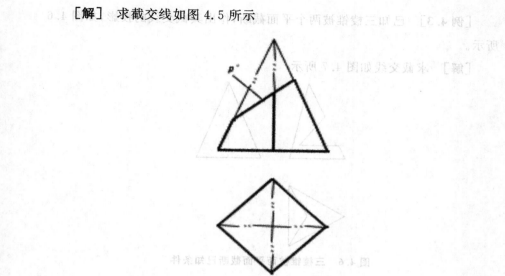

图 4.4 四棱锥被截断已知条件

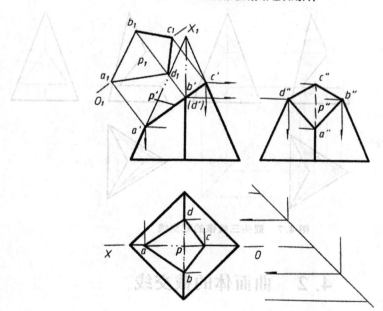

图 4.5 作四棱锥的截交线

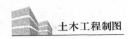

[**例4.3**]　已知三棱锥被两个平面截断,作出其截交线的投影,如图4.6
所示。

[**解**]　求截交线如图4.7所示

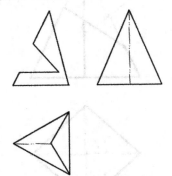

图4.6　三棱锥被两平面截断已知条件

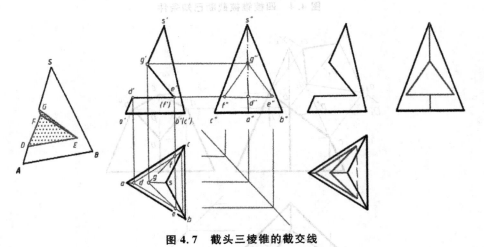

图4.7　截头三棱锥的截交线

4.2　曲面体的截交线

曲面立体的截交线,一般是封闭的平面曲线,有时是曲线和直线组成的
平面图形,如图4.8所示。截交线上的点一定是截平面与曲面体的公共点,

只要求得这些公共点,将同面投影依次相连即得截交线。当截平面切割圆柱体和圆锥体时,圆柱体的截交线出现圆、椭圆、矩形三种情况,如表 4.1 所示。当截平面与圆锥体轴线的相对位置不同

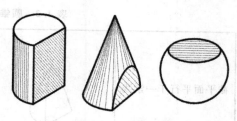

图 4.8 曲面立体截交线的形状

时,圆锥体的截交线出现圆、椭圆、抛物线、双曲线、三角形五种情况,如表 4.2所示。当截平面切割圆球体时,无论截平面与圆球体的相对位置如何,截交线的形状都是圆,如图 4.8 所示。当截平面平行某一投影面时,截交线在投影面上的投影,反映圆的实形;当截平面倾斜某一投影面时,截交线在投影面上的投影为椭圆。

表 4.1 圆柱体截交线

截平面垂直轴线	截平面倾斜轴线	截平面平行轴线
截交线为圆	截交线为椭圆	截交线为矩形

表 4.2　圆锥体截交线

截平面平行于一素线			截交线为抛物线
截平面平行圆锥上的两素线			截交线为双曲线
截平面通过圆锥锥顶			截交线为三角形
截平面垂直圆锥轴线			截交线为圆
截平面与圆锥上所有素线相交			截交线为椭圆

[**例 4.4**] 已知正圆柱体被正垂面 P 切割，求截交线的投影，如图 4.9 所示。

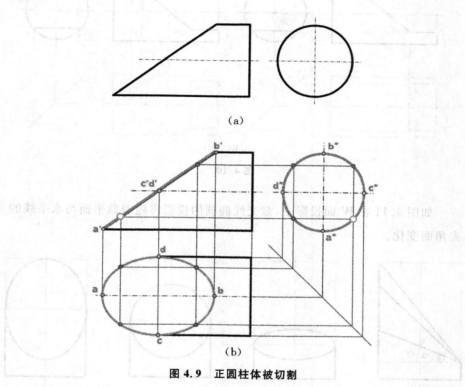

(a)

(b)

图 4.9　正圆柱体被切割

图 4.10 是由两个正垂面截割圆柱而成，截交线是两个部分椭圆。

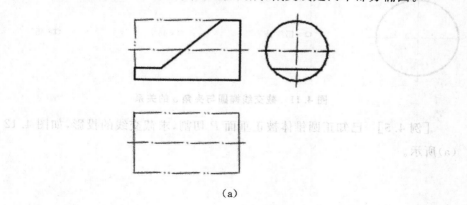

(a)

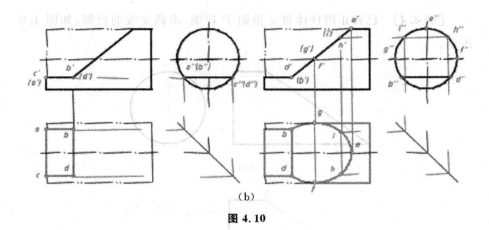

（b）

图 4.10

如图 4.11 在 W 面投影中，截交线椭圆的投影将随着截平面与水平线的夹角而变化。

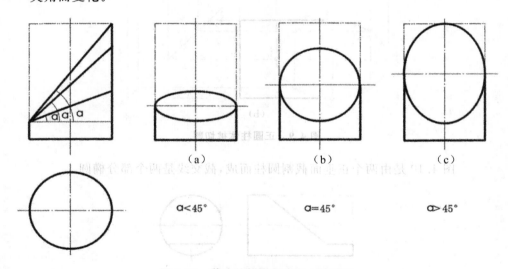

图 4.11　截交线椭圆与夹角 α 的关系

［**例 4.5**］　已知正圆锥体被正垂面 P 切割，求截交线的投影，如图 4.12（a）所示。

［解］

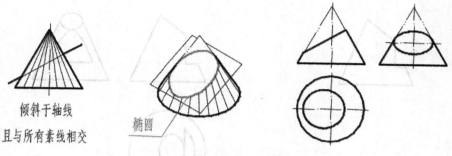

倾斜于轴线
且与所有素线相交

椭圆

图 4.12　正圆锥被切割

［例 4.6］　已知正圆锥体被正平面 Q 切割，求其截交线的投影，如图
4.13所示。

［解］

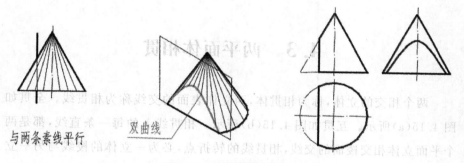

与两条素线平行

双曲线

图 4.13　正圆锥体被切割

图 4.14(a)是圆锥体被 2 个平面切割，截交线由三段组成，第一个截平
面截圆锥为圆，第二个截平面截圆锥为双曲线，第三个截平面截圆锥为椭
圆，截交线的 V 面投影均已知，故据圆锥体表面求点的方法，可求得截交线
的 H、W 面投影，如图 4.14(b)所示。

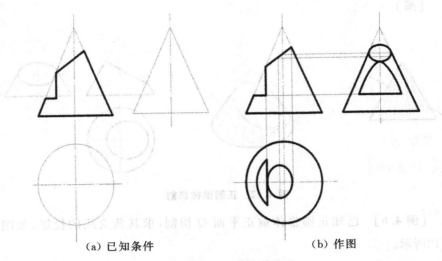

　　　　　(a) 已知条件　　　　　　　　　　　　(b) 作图

图 4.14　三个平面截圆锥

4.3　两平面体相贯

　　两个相交的立体,称为相贯体,两立体表面的交线称为相贯线。全贯如图 4.15(a)所示。互贯如图 4.15(b)所示。相贯线上的每一条直线,都是两个平面立体相交棱面的交线,相贯线的转折点,必为一立体的棱线与另一立体棱面或棱线的交点,即贯穿点。求两个平面立体的相贯线的方法可归纳如下。

　　(1) 求出各个平面立体的有关棱线与另一个立体的贯穿点。

　　(2) 将位于两立体各自的同一棱面上的贯穿点(相贯点)依次相连,即为相贯线。

　　(3) 判别相贯线各段的可见性。

　　(4) 如果相贯的两立体中有一个是侧棱垂直于投影面的棱柱体,且相贯线全部位于该棱柱体的侧面上,则相贯线的一个投影必为已知,故可由另一立体表面上按照求点和直线未知投影的方法,求作出相贯线的其余投影。

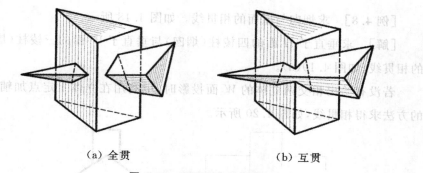

（a）全贯　　　　　　　　（b）互贯

图 4.15　两平面立体相贯

［例 4.7］　求作三棱柱与三棱柱的相贯线，如图 4.16 所示。

［解］　投影图与直观图如图 4.17 所示

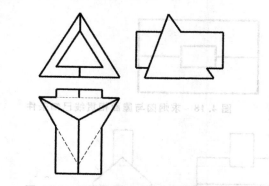

图 4.16　三棱柱与三棱柱相贯已知条件

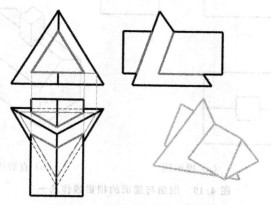

图 4.17　四棱柱与三棱柱相贯

[例 4.8]　求烟囱与屋面的相贯线。如图 4.18 所示。

[解]　求垂直于 H 面的四棱柱（烟囱）与垂直于 W 面的三棱柱（屋顶）的相贯线，如图 4.19(a)。

若没有给出相交两立体的 W 面投影时，可利用在立体上定点加辅助线的方法求得相贯线，如图 4.20 所示。

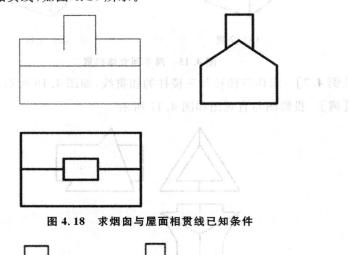

图 4.18　求烟囱与屋面相贯线已知条件

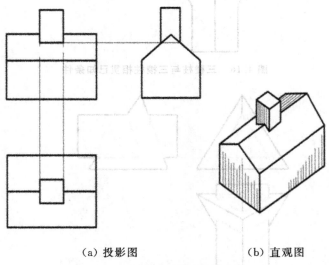

（a）投影图　　　　　（b）直观图

图 4.19　烟囱与屋面的相贯线作法一

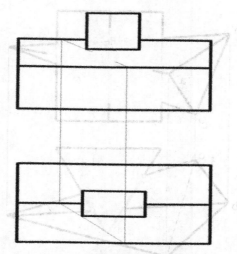

图 4.20　烟囱与屋面相贯线作法二

[**例 4.9**]　求作三棱柱体与三棱锥体的相贯线,如图 4.21 所示。

[**解**]　辅助平面法如图 4.22 所示。

辅助直线法如图 4.23 所示。

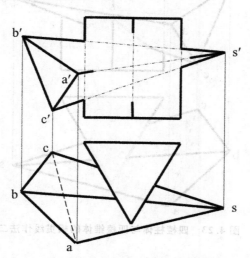

图 4.21　求四棱柱体与四棱锥体相贯线已知条件

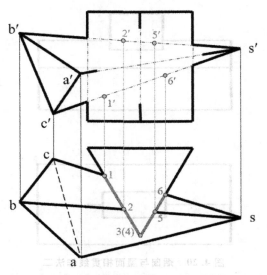

图 4.22　四棱柱体与四棱锥体的相贯线作法一

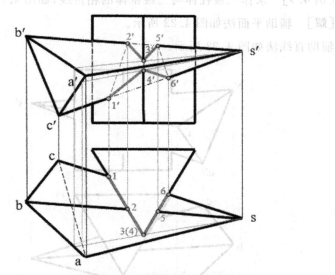

图 4.23　四棱柱体与四棱锥体的相贯线作法二

4.4 同坡屋面交线

坡屋面的交线是两平面立体相贯在房屋建筑中常见的一种实例。在一般情况下,屋顶檐口的高度在同一水平面上,各个坡面与水平面的倾角相等,所以称为同坡屋面,如图 4.24 所示。

作同坡屋面的投影图,可根据同坡屋面的投影特点,直接求得水平投影,再根据各坡面与水平面的倾角求得 V 面投影以及 W 面投影。

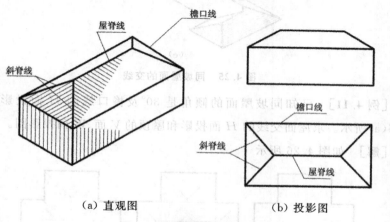

（a）直观图 　　　　　　　　　　　　　　（b）投影图

图 4.24　同坡屋面的投影

［例 4.10］　已知同坡屋面的倾角 $\alpha=30°$ 檐口线的 H 面投影,求屋面交线的 H 面投影及 V 面投影,如图 4.25(a)所示。

［解］　如图 4.25 所示

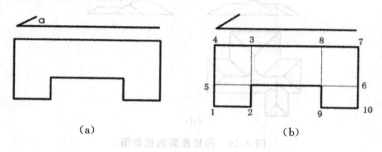

（a）　　　　　　　　　　　　　　　　（b）

101

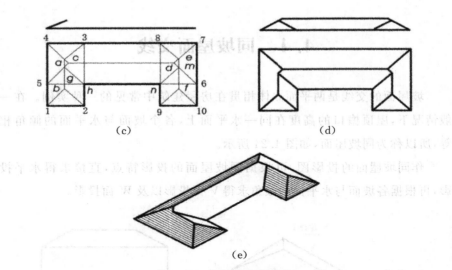

图 4.25 同坡屋面的交线

[**例 4.11**] 已知同坡屋面的倾角是 $30°$ 及檐口线的 H 面投影,如图 4.26(a)所示。求屋面交线的 H 面投影和屋顶的 V 面、W 面投影图。

[**解**] 如图 4.26 所示

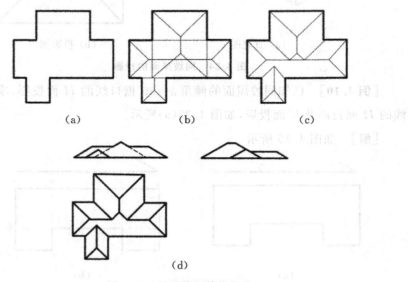

图 4.26 同坡屋面的投影图

4.5 曲面体的相贯线

4.5.1 平面体与曲面体相贯

平面体与曲面体相贯，相贯线是由若干平面曲线或平面曲线和直线所组成。如图4.27是建筑上常见构件柱梁楼板连接的直观图。

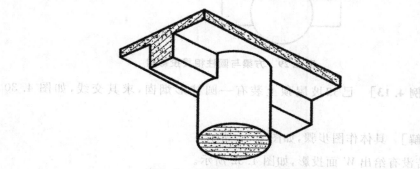

图4.27 方梁与圆柱相贯直观图

〔例4.12〕 求方梁与圆柱的相贯线。如图4.28所示。

〔解〕 具体作图步骤，如图4.29所示

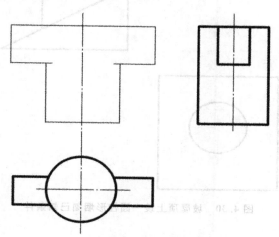

图4.28 方梁与圆柱相贯已知条件

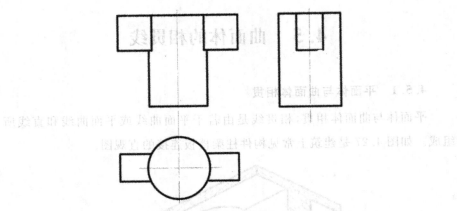

图 4.29　方梁与圆柱相贯投影图

[**例 4.13**]　已知坡屋顶上装有一圆柱形烟囱,求其交线,如图 4.30
所示。

[**解**]　具体作图步骤,如图 4.31 所示

若没有给出 W 面投影,如图 4.32 所示。

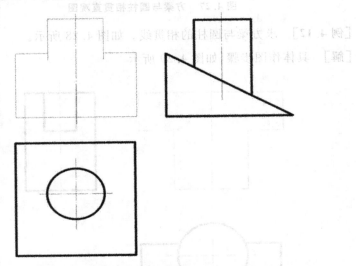

图 4.30　坡屋顶上装一圆柱形烟囱已知条件

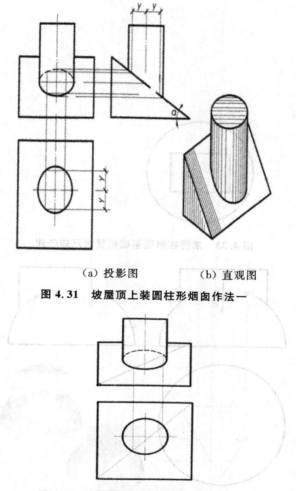

（a）投影图　　　　　　（b）直观图

图 4.31　坡屋顶上装圆柱形烟囱作法一

图 4.32　坡屋顶上装圆柱形烟囱作法二

［例 4.14］　已知圆锥薄壳基础的轮廓线，求其相贯线，如图 4.33 所示。

［解］　具体作图步骤，如图 4.34 所示

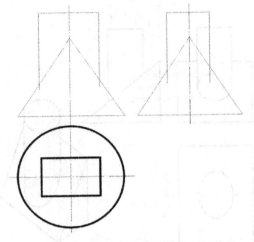

图 4.33　求圆锥薄壳基础相贯线已知条件

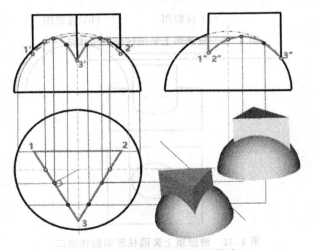

图 4.34　圆锥薄壳基础相贯线

4.5.2　曲面体与曲面体相贯

两曲面体相贯,其相贯线一般是封闭的空间曲线,特殊情况下为封闭的平面曲线,如图 4.35 所示。

两曲面立体的相贯线,是两曲面立体的共有线,可以通过求一些共有点后连线而成。

圆柱的投影在该垂直面上具有积聚性。

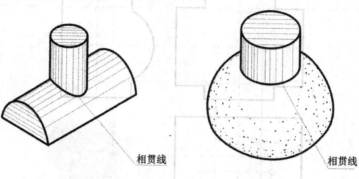

（a）相贯线为封闭的空间曲线　　（b）相贯线为封闭的平面曲线

图 4.35　两曲面立体表面的相贯线

求相贯线的作图步骤：

分析：分析两立体之间以及它们与投影面的相对位置，确定相贯线形状。

求点：利用立体表面的积聚性直接求解；利用辅助平面法求解。

连线：依次光滑连接各共有点，并判别相贯线的可见性。

（1）直接利用积聚性法求解。

[例 4.15]　两异径圆柱相交，求其相贯线，如图 4.36 所示。

[解]　具体作图步骤，如图 4.37、4.38 所示。

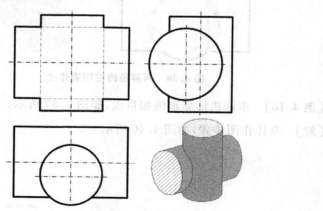

图 4.36　求两异径圆柱相贯已知条件

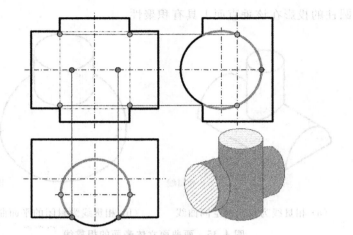

图 4.37　两异径圆柱相贯作法

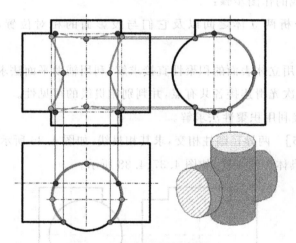

图 4.38　两异径圆柱相贯作法

［例 4.16］　求圆拱形屋顶的相贯线,如图 4.39 所示。

［解］　具体作图步骤,如图 4.40 所示

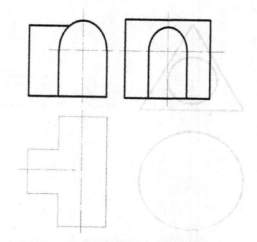

图 4.39　求圆拱形屋顶相贯线已知条件

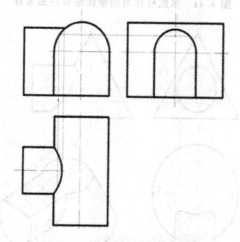

图 4.40　圆拱形屋顶的相贯线

（2）利用辅助平面法求解。

［例 4.17］　已知圆柱体与圆锥体相交，求其相贯线。如图 4.41 所示。

［解］　具体作图步骤，如图 4.42 所示

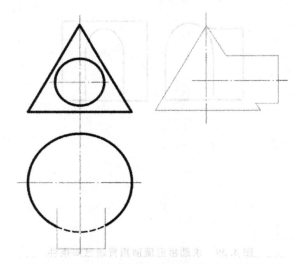

图 4.41　求圆柱体与圆锥体相贯已知条件

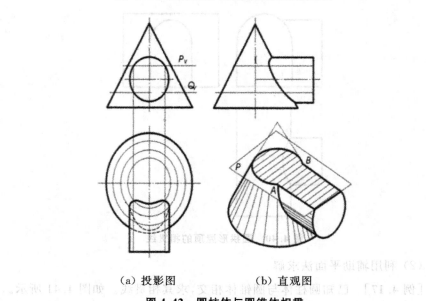

（a）投影图　　　　　　（b）直观图

图 4.42　圆柱体与圆锥体相贯

　　如图 4.36 所示，求两异径圆柱相贯，也可以应用辅助平面法，具体作图步骤如图 4.43 所示。

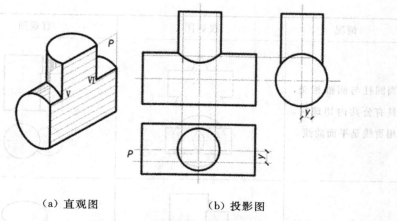

（a）直观图　　　　　　　　（b）投影图

图4.43　两异径圆柱相贯作法三

（3）两曲面体相贯的特殊情况。

在一般情况下，两曲面体的交线为空间曲线，但在下列情况下，可能是平面曲线或直线。

① 当两曲面体相贯具有公共的内切球时，其相贯线为椭圆。

② 当两曲面体相贯轴线平行或相交时，其相贯线为直线。

③ 当两曲面体相贯且同轴时，相贯线为垂直于该轴的圆。具体情况见表4.3。

表4.3　相贯线的特殊情况

情况	投影图	直观图
两等径圆柱相交，相贯线是平面曲线（椭圆垂直面）		

情况	投影图	直观图
当圆柱与圆锥相交,具有公共内切球时,相贯线是平面曲线		
轴线平行的两圆柱相交,相贯线为二平行素线		
两圆锥共一顶点相交,相贯线为过锥顶的二素线		
圆柱与圆球同轴相贯,相贯线为圆		

续表

情况	投影图	直观图
圆锥与圆球同轴相贯,相贯线为圆		

（4）贯通孔。

凡是一立体被另一立体贯穿后的空洞部分称为贯通孔。

贯通孔线的作图,可归结为相贯线的作图,与相贯体不同的是贯通孔应画出其孔内不可见的虚线投影。图4.44所示为一个正四棱锥被一个正四棱柱贯穿后所形成的贯通孔。图4.45所示为一个水平圆柱被一个垂直圆柱体贯穿后所形成的贯通孔。图4.46所示为一个正圆锥被一个水平圆柱体贯穿后形成的贯通孔。

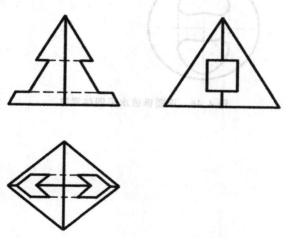

图 4.44　四棱锥被四棱柱贯穿

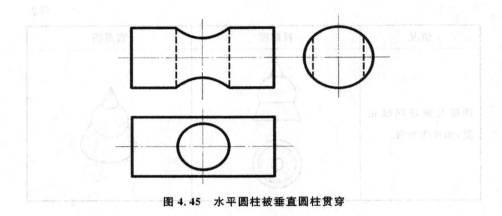

图 4.45　水平圆柱被垂直圆柱贯穿

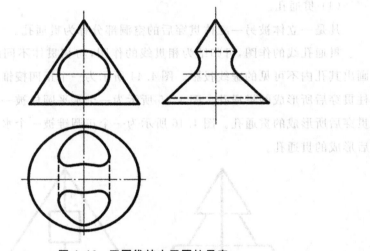

图 4.46　正圆锥被水平圆柱贯穿

第5章 建筑形体表达方法

5.1 基本视图

5.1.1 基本视图

物体向基本投影面投影所得的视图,称为基本视图。国家标准中规定正六面体的六个面为基本投影面.将物体放在六面体中.然后向各基本投影面进行投影、即得到六个基本视图,如图5.1、图5.2所示。

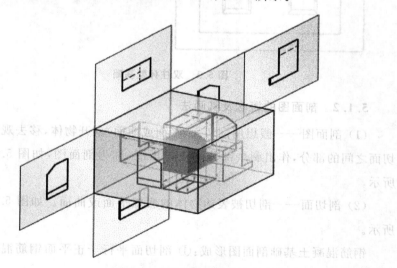

图5.1 六个投影视图

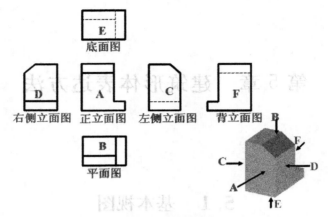

图 5.2　六个基本视图的配置及其名称

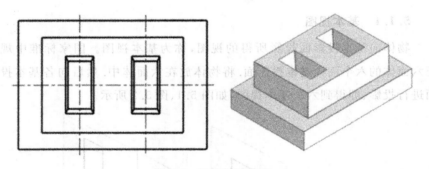

图 5.3　双柱杯型基础

5.1.2　剖面图的概念及其画法

（1）剖面图——假想用剖切面（平面或曲面）剖开物体，移去观察者和剖切面之间的部分，作出剩余部分的正投影图，称为剖面图，如图 5.3、图 5.4所示。

（2）剖切面——剖切被表达物体的假想平面或曲面。如图 5.5、图 5.6所示。

钢筋混凝土基础剖面图形成：① 剖切面平行于正平面钢筋混凝土基础剖面图形成；② 剖切面平行于侧平面。

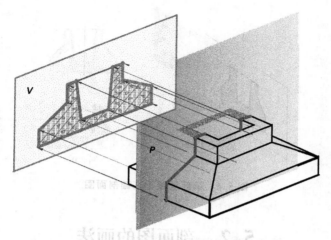

图 5.4　钢筋混凝土基础剖面图

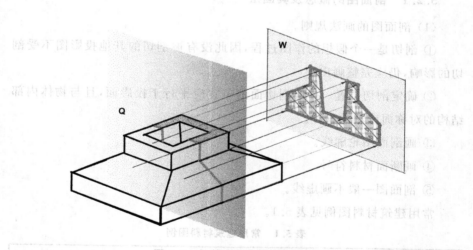

图 5.5　钢筋混凝土基础剖面图

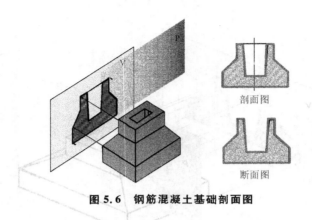

图 5.6　钢筋混凝土基础剖面图

5.2　剖面图的画法

5.2.1　剖面图的概念及其画法

（1）剖面图的画法规则。

① 剖切是一个假想的作图过程,因此没有被剖切的其他投影图不受剖切的影响,仍应完整画出。

② 确定剖切位置。一般剖切面的位置应平行于投影面,且与物体内部结构的对称面或轴线重合。

③ 画剖面图轮廓线。

④ 画断面材料符号。

⑤ 剖面图一般不画虚线。

常用建筑材料图例见表 5.1。

表 5.1　常用建筑材料图例

序号	名称	图例	备注
1	自然土壤		包括各种自然土壤
2	夯实土壤		

续表

序号	名称	图例	备注
3	砂、灰土		靠近轮廓线绘较密的点
4	砂砾土、碎砖三合土		
5	石材		
12	混凝土		1. 本图例指能承重的混凝土及钢筋混凝土。包括各种强度等级、骨料、添加剂的混凝土
13	钢筋混凝土		2. 在剖面图上画出钢筋时,不画图例线。断面图形小,不易画出图例线时,可涂黑
14	多孔材料		包括水泥珍珠岩、沥青珍珠岩、泡沫混凝土、非承重加气混凝土、软木、蛭石制品等

（2）一般规定。

① 制图标准只规定图例的画法,其尺寸比例视所画图样大小而定;可自编与制图标准不重复的其他建筑材料图例,并加以说明(图5.7)。

② 图例线应间隔均匀,疏密适度,图例正确,表示清楚不同品种的同类材料使用同一图例时(如某些特定部位的石膏板必须注明是防水石膏板时),应在图上附加必要的说明。

③ 不同品种的同类材料使用同一图例时(如某些特定部位的石膏板必须注明是防水石膏板时),应在图上附加必要的说明。

④ 两个相同的图例相接时,图例线宜错开或倾斜方向相反。

⑤ 两个相邻的涂黑图例（如混凝土构件、金属件）之间，应留有空隙。其宽度不得小于 0.7 mm。

⑥ 需画出建筑材料面积过大时，可在断面轮廓线内，沿轮廓线作局部表示。

⑦ 当一张图纸内的图样只用一种图例或图形较小无法画。

出建筑材料图例时，可不画图例，但应加文字说明

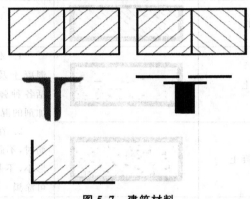

图 5.7　建筑材料

5.2.2　剖视图的几种表达方式及其标注

（1）全剖面图

定义：用一个平行于基本投影面的剖切平面将形体全部剖开的方法叫作全剖适用于：外部结构简单而内部结构相对比较复杂的形体。（图 5.8）

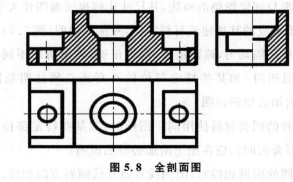

图 5.8　全剖面图

这种水平剖切的全剖面图,在房屋建筑图中称为"平面图",如图 5.9 所示。

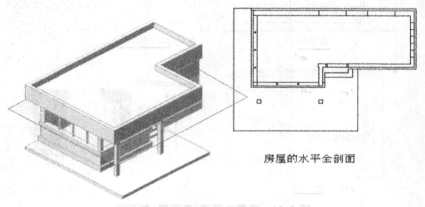

房屋的水平全剖面

图 5.9　房屋的水平全剖面图

阶梯形剖切平面的转折处,在剖面图上不画分界线,如图 5.10。

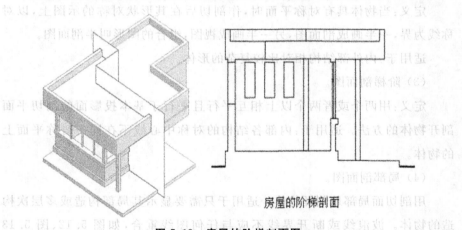

房屋的阶梯剖面

图 5.10　房屋的阶梯剖面图

房屋立面图、平面图、剖面图,如图 5.11 所示。

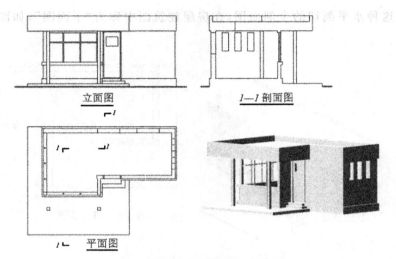

图 5.11　房屋立面图、平面图、剖面图

（2）半剖面图。

定义：当物体具有对称平面时，作剖切后在其形状对称的示图上，以对称线为界，一半画成剖面图，另一半画成视图，组合的图形叫半剖面图。

适用于：内外部结构相对比较复杂的形体。

（3）阶梯剖面图。

定义：用两个或者两个以上相互平行且平行于基本投影面的剖切平面剖开物体的方法。适用于：内部各结构的对称中心线不在同一对称平面上的物体。

（4）局部剖面图。

用剖切面局部地剖开物体。适用于只需要显示其局部构造或多层次构造的物体。波浪线或断开界线不应与任何图线重合，如图 5.12、图 5.13所示。

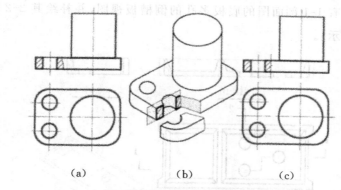

(a)　　　　　　　　(b)　　　　　　　　(c)

图 5.12　局部剖面图

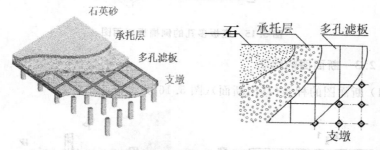

图 5.13　分层局部剖面图

画图时应以波浪线将各层分开;剖面图的一般画图步骤:

[例]　将形体的主视图(V 投影)画为全剖面图,侧视图(W 投影)画成半剖面图,如图 5.14 所示。

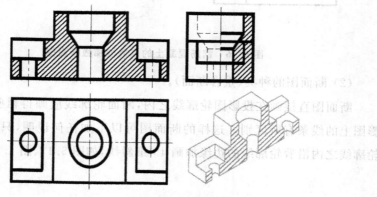

图 5.14　全剖面图与半剖面图

　　[**例**]　有 1-1 剖面图的底板多孔的倒槽板视图,并补绘其 2-2 剖面图(图 5.15 所示)。

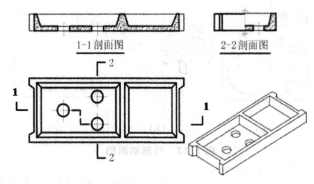

图 5.15　底板多孔的倒槽板剖面图

5.2.3　断面图的标注

（1）断面图的种类（移出断面）（图 5.16 所示）

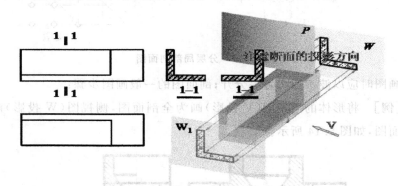

图 5.16　钢筋混凝土的悬挑楼梯板断面图

（2）断面图的种类（重合断面）。

　　断面图直接画在投影图轮廓线之内,断面轮廓线应画得粗些,以便与投影图上的线条有所区别。这样的断面图可以不加任何说明,只在断面图的轮廓线之内沿着轮廓线的边缘加画 45°细斜线,如图 5.17、图 5.18 所示。

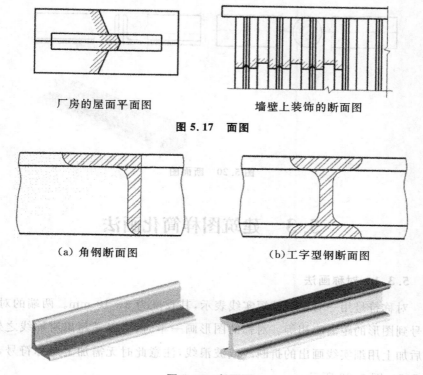

厂房的屋面平面图　　　　墙壁上装饰的断面图

图 5.17　面图

（a）角钢断面图　　　　　　（b）工字型钢断面图

图 5.18　断面图

（3）断面图的种类（中断断面）。

断面图画在杆件断开处,这种画法适用于较长而只有单一断面的杆件及型钢,也不加任何的说明,如图 5.19、图 5.20 所示。

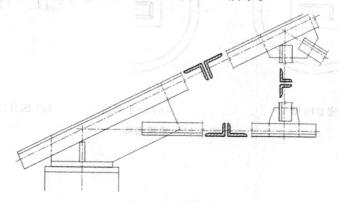

图 5.19　断面图

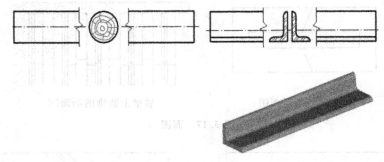

图 5.20 断面图

5.3 建筑图样简化画法

5.3.1 对称画法

对称符号用一对平行的短实线表示,其长度为 6～10 mm。两端的对称符号到图形的距离应相等。对称的图形画一半时,可以稍超出对称线之外,然后加上用细实线画出的折断线或波浪线,注意此时无需加上对称符号,如图 5.21、图 5.22 所示。

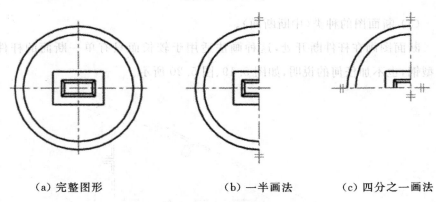

(a) 完整图形   (b) 一半画法   (c) 四分之一画法

图 5.21 建筑图样

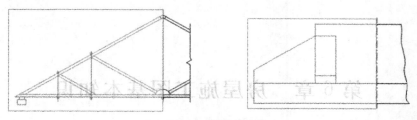

图 5.22　建筑图样画法

5.3.2　相同要素简化画法

图上有多个完全相同而连续排列的构造要素,可以仅在排列的两端或适当位置画出其中一两个要素的完整形状,然后画出其余要素的中心线或中心线交点确定它们的位置,如图 5.23、图 5.24 所示。

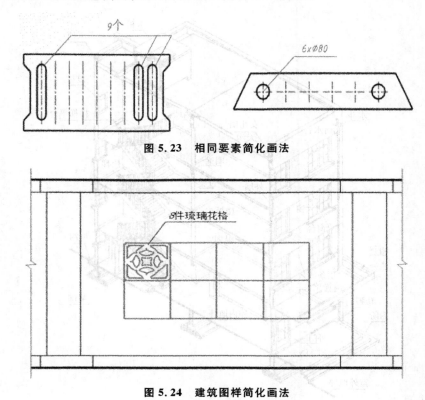

图 5.23　相同要素简化画法

图 5.24　建筑图样简化画法

第6章 房屋施工图基本知识

6.1 房屋的基本组成

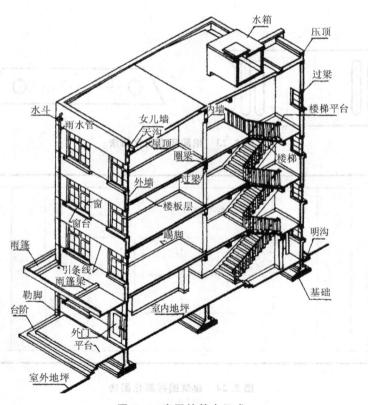

图 6.1 房屋的基本组成

6.1.1　基础

基础是房屋最下部埋在土中的扩大构件,它承受着房屋的全部荷载,并把它传给地基(基础下面的土层)。

基础是房屋的地下承重结构,它将房屋的各种荷载传递给地基。以常见的条形基础为例,地基是基础下面的土层,基坑是为了基础施工而在地面上开挖的土坑,坑底是基础的底面。基础墙是指埋入地下的墙,大放脚是指基础墙下的阶梯形砌体。混凝土做成的垫层位于大放脚下,防潮层是为防止地下水对墙体侵蚀而设置的。

基础平面图是假象用水平剖切平图,沿房屋的底层底面将房屋剖开,移去剖切平面以上的房屋和基础回填土后所作的水平投影。

常用的基础有条形基础、柱下独立基础等,如图6.2所示。

条形基础一般用于砖混结构中,柱下独立基础一般用于框架结构。

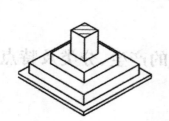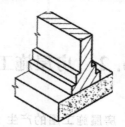

图6.2　基础图例

6.1.2　墙与柱

墙与柱是房屋的垂直承重构件,它承受楼地面和屋顶传来的荷载,并把这些荷载传给基础。

墙体还是分隔、围护构件。

外墙阻隔雨水、风雪、寒暑对室内的影响,内墙起着分隔房间的作用。

6.1.3　楼面与地面

楼面与地面是房屋的水平承重和分隔构件。

楼面是指二层或二层以上的楼板或楼盖。

地面又称为底层地坪,是指第一层使用的水平部分

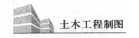

它们承受着房间的家具、设备和人员的重量。

6.1.4 楼梯

楼梯是楼房建筑中的垂直交通设施,供人们上下楼层和紧急疏散之用。

6.1.5 屋顶

屋顶也称屋盖,是房屋顶部的围护和承重构件。

它一般由承重层、防水层和保温(隔热)层三大部分组成,主要承受着风、霜、雨、雪的侵蚀、外部荷载以及自身重量。

6.1.6 门和窗

门和窗是房屋的围护构件。

门主要供人们出入通行。

窗主要供室内采光、通风、眺望之用。同时,门窗还具有分隔和围护作用。

6.2 房屋施工图的产生、分类及特点

6.2.1 房屋施工图的产生

房屋的建造一般需经过设计和施工两个过程,而设计工作一般又分为两个阶段,即初步设计阶段和施工图设计阶段。

(1)初步设计阶段

主要任务:根据建设单位提出的设计任务和要求,进行调查研究、搜集资料,提出设计方案。

内容包括:简略的总平面布置图及房屋的平、立、剖面图;设计方案的技术经济指标;设计概算和设计说明等。

(2)施工图设计阶段

主要任务:满足工程施工各项具体技术要求,提供一切准确可靠的施工依据。

内容包括:指导工程施工的所有专业施工图、详图、说明书、计算书及整

个工程的施工预算书等。

对于大型的、技术复杂的工程项目也有采用三个设计阶段的，即在初步设计基础上，增加一个技术设计阶段。

6.2.2　房屋施工图的分类

（1）建筑施工图（简称建施）

建筑施工图主要表达建筑物的外部形状、内部布置、装饰构造、施工要求等。

这类基本图有：首页图、建筑总平面图、平面图、立面图、剖面图以及墙身、楼梯、门、窗详图等。

（2）结构施工图（简称结施）

结构施工图主要表达承重结构的构件类型、布置情况以及构造作法等。

这类基本图有：基础平面图、基础详图、楼层及屋盖结构平面图、楼梯结构图和各构件的结构详图等（梁、柱、板）。

基础平面图上将用单线条的粗实线表示，对于不可见的基础梁则用单线条的粗虚线表示。本图中的粗虚线表示的就是基础梁（地圈梁）的位置。下图中涂黑的小黑块是构造柱的位置，它是为防震的需要设置的。

（3）设备施工图（简称设施）

设备施工图主要表达房屋各专用管线和设备布置及构造等情况。

这类基本图有：给水排水、采暖通风、电气照明等设备的平面布置图、系统图和施工详图。

6.2.3　房屋施工图的编排顺序

整套房屋施工图的编排顺序是：首页图（包括图纸目录、设计总说明、汇总表等）、建筑施工图、结构施工图、设备施工图。

各专业施工图的编排顺序是：基本图在前、详图在后；总体图在前、局部图在后；主要部分在前、次要部分在后；先施工的图在前、后施工的图在后等。

6.2.4　房屋施工图的特点

（1）按正投影原理绘制。

房屋施工图一般按三面正投影图的形成原理绘制。

（2）绘制房屋施工图采用的比例。

建筑施工图一般采用缩小的比例绘制，同一图纸上的图形最好采用相同的比例。

（3）房屋施工图图例、符号应严格按照国家标准绘制。

6.3　房屋施工图的有关规定

6.3.1　图线

绘图时，首先按所绘图样选用的比例选定基本线宽"b"，然后再确定其他线型的宽度。

6.3.2　定位轴线及编号

房屋施工图中的定位轴线是设计和施工中定位、放线的重要依据。

凡承重的墙、柱子、大梁、屋架等构件，都要画出定位轴线并对轴线进行编号，以确定其位置。

对于非承重的分隔墙、次要构件等，有时用附加轴线（分轴线）表示其位置，也可注明它们与附近轴线的相关尺寸以确定其位置。

（1）定位轴线的画法。

定位轴线应用细单点长画线绘制，轴线末端画细实线圆圈，直径为 8～10 mm。

定位轴线圆的圆心，应在定位轴线的延长线或延长线的折线上，且圆内应注写轴线编号，如图 6.3 所示。

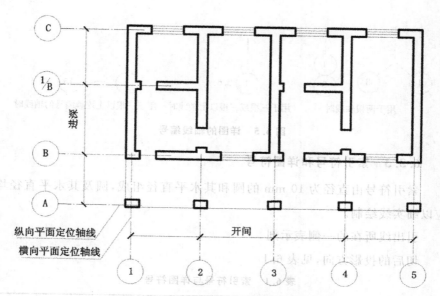

图6.3 定位轴线及编号方法

（2）定位轴线的编号。

平面图上定位轴线的编号，宜标注在图样的下方与左侧。如图6.3所示

在两轴线之间，有的需要用附加轴线表示，附加轴线用分数编号，如图6.4所示。

对于详图上的轴线编号，若该详图同时适用多根定位轴线，则应同时注明各有关轴线的编号，如图6.5所示。

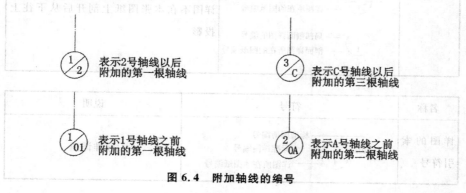

图6.4 附加轴线的编号

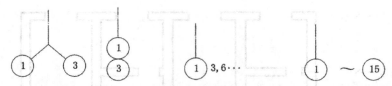

用于两根轴线时　　　用于三根或三根以上轴线时　用于三根以上连续编号的轴线时

图 6.5　详图的轴线编号

6.3.3　索引符号和详图符号

索引符号由直径为 10 mm 的圆和其水平直径组成,圆及其水平直径均应以细实线绘制。

引出线所在的一侧表示剖

切后的投影方向,见表 6.1

表 6.1　索引符号与详图符号

名称	符号	说明
详图的索引符号	⑤—— 详图的编号 —— 详图在本张图纸上 ⑤—— 局部剖面详图的编号 —— 剖面详图在本张图纸上	细实线单圆圈直径应为 10 mm 详图在本张图纸上剖开后从上往下投影
	⑤/④ —— 详图的编号 —— 详图所在的图纸编号 ⑤/④ —— 局部剖面详图的编号 —— 剖面详图所在的图纸编号	详图不在本张图纸上剖开后从下往上投影

名称	符号	说明
详图的索引符号	J103 —— 标准图册编号 ⑤/④ —— 标准详图编号 —— 详图所在的图纸编号	标准详图

名称	符号	说明
详图的符号	⑤ —— 详图的编号	粗实线单圆圈直径应为 14 mm 被索引的在本张图纸上
	$\frac{5}{2}$ —— 详图的编号 —— 被索引的图纸编号	被索引的不在本张图纸上

6.3.4 标高

标高符号按图 6.6(a)、(b)所示形式用细实线画出。

短横线是需标注高度的界线,长横线之上或之下注出标高数字,如图 6.6(c)、(d)所示。

总平面图上的标高符号,宜用涂黑的三角形表示,具体画法见图 6.6(a)。

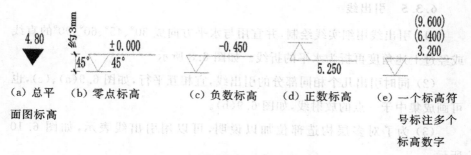

(a) 总平 (b) 零点标高   (c) 负数标高   (d) 正数标高   (e) 一个标高符
面图标高   号标注多个
                                                            标高数字

图 6.6　符号及标高数字的注写

(1) 标高数字。

标高数字应以米为单位,注写到小数点后第三位。在数字后面不注写单位,如图 9.5 所示。

零点标高应注写成±0.000,低于零点的负数标高前应加注"—"号,高于零点的正数标高前不注"+",如图 6.6 所示。

当图样的同一位置需表示几个不同的标高时,标高数字可按图 6.6(e)

的形式注写。

（2）标高的分类。

① 相对标高。

凡标高的基准面是根据工程需要，自行选定而引出的，称为相对标高。

② 绝对标高。

根据我国的规定，凡是以青岛的黄海平均海平面作为标高基准面而引出的标高，称为绝对标高。

建筑标高和结构标高的标注，如图 6.7 所示。

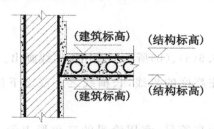

图 6.7　建筑标高和结构标高

6.3.5　引出线

（1）引出线用细实线绘制，并宜用与水平方向成 30°、45°、60°、90° 的直线或经过上述角度再折为水平的折线。如图 6.8 所示

（2）同时引出几个相同部分的引出线，宜相互平行，如图 6.9(a)、(c)，也可画成集中于一点的放射线，如图 6.9(b)。

（3）为了对多层构造部位加以说明，可以用引出线表示，如图 6.10 所示。

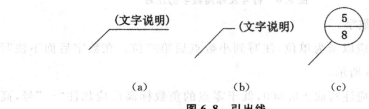

（a）　　　　　　　　（b）　　　　　　　　（c）

图 6.8　引出线

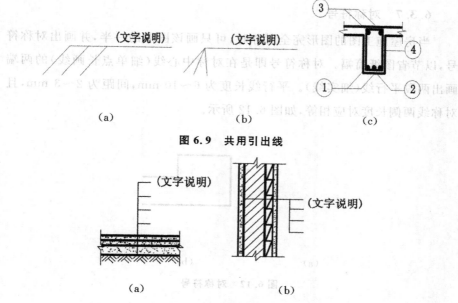

图 6.9　共用引出线

图 6.10　多层构造引出线

6.3.6　图形折断符号

（1）直线折断。

当图形采用直线折断时，其折断符号为折断线，它经过被折断的图面。如图 6.11(a)所示

（2）曲线折断。

对圆形构件的图形折断，其折断符号为曲线。如图 6.11(b)所示

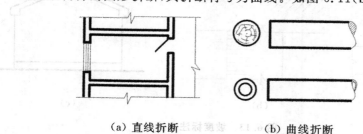

（a）直线折断　　　（b）曲线折断

图 6.11　图形的折断

6.3.7 对称符号

当房屋施工图的图形完全对称时,可只画该图形的一半,并画出对称符号,以节省图纸篇幅。对称符号即是在对称中心线(细单点长画线)的两端画出两段平行线(细实线)。平行线长度为 6～10 mm,间距为 2～3 mm,且对称线两侧长度对应相等,如图 6.12 所示。

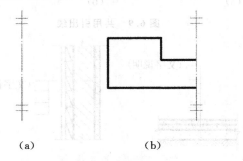

(a)   (b)

图 6.12 对称符号

6.3.8 坡度标注

在房屋施工图中,其倾斜部分通常加注坡度符号,一般用箭头表示。箭头应指向下坡方向,坡度的大小用数字注写在箭头上方,如 6.13(a)、(b)。

对于坡度较大的坡屋面、屋架等,可用直角三角形的形式标注它的坡度,如图 6.13(c)。

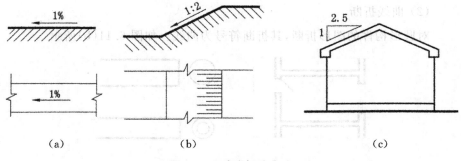

(a)   (b)   (c)

图 6.13 坡度标注方法

6.3.9 连接符号

对于较长的构件,当其长度方向的形状相同或按一定规律变化时,可断开绘制,断开处应用连接符号表示。连接符号为折断线(细实线),并用大写拉丁字母表示连接编号,如图 6.14。

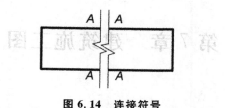

图 6.14　连接符号

6.3.10　指北针

在总平面图及底层建筑平面图上,一般都画有指北针,以指明建筑物的朝向。指北针形状如图 6.15 所示。圆的直径宜为 24 mm,用细实线绘制。指针尾端的宽度 3 mm,需用较大直径绘制指北针时,指针尾部宽度宜为圆的直径的1/8,指针涂成黑色,针尖指向北方,并注"北"或"N"字。

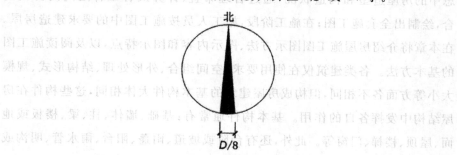

图 6.15　指北针

第7章 建筑施工图

7.1 首页图和建筑总平面

　　建造房屋,要经过设计和施工两个阶段。在设计阶段,设计人员要把构思中的房屋造型和构造状况,通过合理布置、计算及各工种之间的协调配合,绘制出全套施工图;在施工阶段,施工人员按施工图中的要求建造房屋。在本章将介绍房屋施工图图示方法、图示内容和图示特点,以及阅读施工图的基本方法。各类建筑仅在使用要求、空间组合、外形处理、结构形式、规模大小等方面各不相同,但构成房屋建筑的基本构件大体相同,这些构件在房屋结构中发挥各自的作用。基本构件通常有:基础、墙体、柱、梁、楼板或地面、屋顶、楼梯、门窗等。此外,还有台阶或坡道、雨蓬、阳台、雨水管、明沟或散水坡等其他构件。

　　一套完整的施工图应包括以下几方面内容:图纸目录:说明该项工程是由哪几个工种的图纸所组成的,各工程图纸的名称、张数和图号顺序,目的是为了便于查找图纸。主要说明该项工程的概貌和总体要求。而对中、小型工程的总说明书一般放在建筑施工图内。设计总说明书:主要说明该项工程的概貌和总体要求。而对中、小型工程的总说明书一般放在建筑施工图内。

建筑施工图（简称：建施）：主要表达建筑物的内外形状、尺寸、结构构造、材料做法和施工要求等。

其基本图纸包括：总平面图、建筑平、立、剖面图和建筑详图。建筑施工图是房屋施工时定位放线，砌筑墙身，制作楼梯、安装门窗、固定设施以及室内外装饰的主要依据，也是编制工程预算和施工组织计划等的主要依据。

结构施工图（简称：结施）：主要表达各种承重构件的平面布置，构件的类型、大小、构造的做法以及其他专业对结构设计的要求等。基本图纸包括：结构说明书、基础图、结构平面图和构件详图。结构施工图是房屋施工时开挖地基，制作构件，绑轧钢筋，设置预埋件，安装梁、板、柱等构件的主要依据，也是编制工程预算和施工组织计划等的主要依据。

设备施工图（简称：设施）：设备施工图包括建筑给排水施工图、采暖通风施工图、电气照明施工图。建筑给水排水施工图：主要表达给水、排水管道的布置和设备安装。建筑采暖通风施工图：主要表达供暖、通风管道的布置和设备的安装。建筑电气照明施工图：主要表达电气线路布置和接线原理图。设备施工图是室内布置管道或线路、安装各种设备、配件或器具的主要依据，也是编制工程预算的主要依据。

一幢房屋从施工到建成，需要有全套房屋施工图作指导。阅读这些施工图时应按图纸目录顺序即总说明、建施、结施、设施，要先从大的方面看，然后再依次阅读细小部分，即先粗看后细看。简单地说，先整体后局部；先文字说明后图样；先基本图样后详图，先图形后尺寸等依次仔细阅读，并应注意各专业图样之间的关系。我国颁布了《房屋建筑制图统一标准》、《建筑制图标准》、《总图制图标准》等国家制图标准，在绘制和阅读建筑施工图时，应严格遵守国家标准中的有关规定。

7.1.1　首页图

页图是建筑施工图的第一页，它的内容一般包括：图纸目录、设计总说明、建筑装修及工程做法、门窗表等（图 7.1、图 7.2）。

中煤国际工程集团武汉设计研究院	湖北省工业学校 6♯,7♯学生公寓楼		第 1 页	共 1 页
			建筑分院	
	图纸总目录		S90553-建施 6、7	

序号	图幅	图纸名称	图纸编号	
			新制图图号	采用图图号
1	2	3	4	5
1	1	建筑施工图设计说明及门窗表平面位置图	S90553-建施 6、7-01	
2	2+	一层平面图	S90553-建施 6、7-02	
3	2+	二层平面图	S90553-建施 6、7-03	
4	2+	三—七层平面图	S90553-建施 6、7-04	
5	2+	屋顶平面图	S90553-建施 6、7-05	
6	2+	①—⑪立面图	S90553-建施 6、7-06	
7	2	⑪—①立面图	S90553-建施 6、7-07	
8	2	Ⓐ—Ⓘ立面图	S90553-建施 6、7-08	
9	2	1—1 剖面图	S90553-建施 6、7-09	
10	2	楼梯平面图、宿舍平面图布置及详图	S90553-建施 6、7-10	

图 7.1　首页图纸目录

建筑施工图设计说明

一、设计依据:
1. 武汉市规划管理局对总平面规划的审批盖见。
2. 本工程是依据建设单位确定的方案及设计委托书进行设计的。
3. 国家规范,规定及有关文件。

二、平面位置及设计标高:
1. 平面位置详见学生公寓楼平面布置图。
2. 设计标高:6#±0.000相当于绝对标高23.30,7# ±0.000相当于绝对标高22.92。

三、本建筑防火等级为二级,本建筑合理使用年限为50年,采用砖混结构,按7度抗震设防。

四、本建筑屋面防水等级为Ⅱ级,建筑高度为22.9m,总建筑面积为:6#4296㎡; 7#4296㎡。

五、在标高-0.060处设墙身防潮层,做法为30厚1:2水泥砂浆内掺5%防水剂。

六、卫生间、盥洗间均涂刷防水剂二遍,周边返高1200。

七、在内墙阳角处均做1:2水泥砂浆护角,宽每边80,高2000。

八、凡需找坡地方,找坡厚度大于30时,用C20细石混凝土找坡;厚度小于30时用1:2水泥砂浆找坡,坡度为4%。

九、凡外露铁件均涂红丹一遍,银粉油漆两遍,顶埋木砖均涂水柏油防腐,所有木门及木构件均采用本色调漆清漆三遍。

十、凡各类设备管道:如穿钢管砼凝土、预制构件、墙身均需顶埋孔洞或预埋套管,不应临时开凿,并密切配合各专业工种图纸施工,遇有问题请会同本工程设计人员共同商定,不得任意更改。

十一、电焖钩:每间宿舍设Φ16电焖钩两个,室内消吸壁灯或揣头扇两个位置由建设单位确定。

十二、楼梯:栏杆选用98ZJ401P6大样,扶手选用98ZJ401P27扶手2。

十三、凡本工程图中未详之处,均严格按国家有关现行规范、规程、规定执行。

建筑装修及工程做法一览表

项目	类别	工程做法(采用图集)	采用级	注
外墙面	涂料外墙面	详98ZJ001P41外墙22	详见立面	颜色一致由建设单位统一考虑或者详见立面或者建设单位统一考虑
	面砖外墙面	详98ZJ001P43外墙12	详见立面	颜色一致由建设单位统一考虑或者详见立面或者建设单位统一考虑
内墙面	面砖墙面(一)	详98ZJ001P31内墙10		卫生间、盥洗
	混合砂浆内墙面(一)	详98ZJ001P30内墙		所有内墙 墙身涂料为白色乳胶漆
顶棚	水泥砂浆顶棚	详98ZJ001P67顶棚		所有顶棚 同墙面同内墙面
楼地面	陶瓷地砖卫生间楼面	详98ZJ001P15楼10		卫生间、盥洗 规格大小为300×300或者建设单位统一考虑
	陶瓷地砖楼面	详98ZJ001P15楼10		其余所有楼面 规格大小为600×600或者建设单位统一考虑
	陶瓷地砖卫生间地面	详98ZJ001P11地50		卫生间、盥洗、淋浴 水泥砂浆掺入防水剂规格大小为300×300
	陶瓷地砖地面	详98ZJ001P6地19		其余所有楼面 水泥砂浆掺入防水剂规格大小为600×600
屋面	改性防水沥青卷材防水屋面	详98ZJ001P65屋20		楼梯间屋面
	高聚物防水涂料高聚物改性沥青卷材防水屋面	详98ZJ001P78屋6		其余所有屋面 柔性防水屋面分格缝做法见98ZJ201P25大样②①⑤
散水	水泥砂浆散水	详98ZJ001P4		散水宽1200
墙裙	面砖墙裙	详98ZJ001P27裙5		内走廊 墙裙高1500
踢脚	面砖踢脚(一)	详98ZJ001P24踢22		
门窗		详98ZJ001P20详图2		
楼梯		栏杆选用98ZJ401P6大样,扶手选用P27扶手2		

门 窗 明 细 表

编号	制品尺寸		数量	采用图案	采用图集	备注
	宽	高				
M-1	2000	2100	236	GJM005-1003	98ZJ681	
M-2	800	2100	238	GJM009-0825	98ZJ681	窗顶门
M-3	1820	2600	236	铝合金门		铝合金组合隔断见详图
M-4	2400	2600	2	铝合金门	订做	
M-5	1500	2700	14	铝合金门	订做	
FM-1	1500	2000	12	乙级防火门		
C-1	1920	1700	136	厂家定制		塑钢推拉窗，窗台高900
C-1a	1700	1700	68	厂家定制		塑钢推拉窗，窗台高900
C-2	680	1400	236	厂家定制		塑钢推拉窗，窗台高900
C-3	1900	1700	26	厂家定制		塑钢推拉窗，窗台高900
C-4	1500	1700	2	厂家定制		塑钢推拉窗，窗台高900

附注：1. 底层全部外窗，阳台均加设φ8110防盗护栏或者建设单位另行定做。
2. 所有门窗玻璃同无色透明平板玻璃（规格另）。
3. 门窗的过梁及过梁依结构施工图施工。

图 7.2　建筑施工图设计说明

7.1.2　建筑总平面图

建筑总平面图是采用俯视投影的图示方法,绘制新建房屋所在基地范围内的地形、地貌、道路、建筑物、构筑物等的水平投影图。其用途有两个:其一为反映新建、拟建工程的总体布局以及原有建筑物和构筑物的情况。另一个为根据总平面图可进行房屋定位、施工放线、填挖土方等的主要依据。

建筑总平面图简称为总平面图。

(1)总平面图的形成。

建筑总平面图是假设在建设区的上空向下投影所得的水平投影图。

(2)总平面图的作用。

总平面图主要表达拟建房屋的位置和朝向,与原有建筑物的关系,周围道路、绿化布置及地形地貌等内容。

它可作为拟建房屋定位、施工放线、土方施工以及施工总平面布置的依据。

(3)总平面图的识读。

阅读总平面图时应注意事项:总平面图中的内容,多数使用符号表示的。首先应熟悉图例符号的意义。看清用地范围内新建、原有、拟建、拆除建筑物或构筑物的位置。查看新建建筑物的室内、外地面高差、道路标高和地面坡度及排水方向。根据风向频率玫瑰图看清建筑物朝向。看清新建建筑物或构筑物自身占地尺寸以及与周边建筑物相对距离。施工总说明一般包括:工程概况(如工程名称、位置、建筑规模、建筑技术经济指标以及绝对标高与相对标高间的关系等);结构类型,主要结构的施工方法,以及对图纸上未能详细注写的用料、做法或需统一说明的问题进行详细说明,构件使用或套用标准图的图集代号等。

以图7.3为例,说明总平面图的识读步骤。

看图名、比例、图例及有关的文字说明;

了解工程的用地范围、地形地貌和周围环境情况;

了解拟建房屋的平面位置和定位依据;

了解拟建房屋的朝向和主要风向;

了解道路交通及管线布置情况;

了解绿化、美化的要求和布置情况。

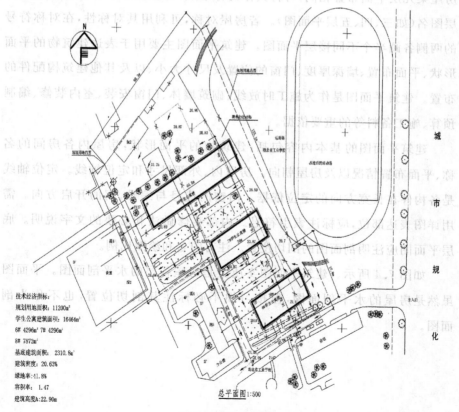

技术经济指标:
规划用地面积:11200m²
学生公寓建筑面积:16464m²
6# 4296m² 7# 4296m²
8# 7872m²
基底建筑面积:2310.8m²
建筑密度:20.63%
绿地率:41.8%
容积率:1.47
建筑高度A:22.90m

总平面图1:500

图7.3 总平面图

7.2 建筑平面图

7.2.1 建筑平面图的形成

建筑平面图是假想用一个水平的剖切平面,在房屋窗台略高一点位置水平剖开整幢房屋,移去剖切平面上方的部分,对留下部分所作的水平剖视图,称为建筑平面图,简称平面图。对多层楼房,原则上每一楼层均要绘制一个平面图,并在平面图下方注写图名(如底层平面图、二层平面图等);若房屋某几层平面布置相同,可将其作为标准层,并在图样下方注写适用的楼层图名(如三、四、五层平面图)。若房屋对称,可利用其对称性,在对称符号的两侧各画半个不同楼层平面图。建筑平面图主要用于表达建筑物的平面形状、平面布置、墙深厚度、门窗的位置及尺寸大小、以及其他建筑构配件的布置。建筑平面图是作为施工时放线、砌筑墙体、门窗安装、室内装修、编制预算、施工备料等的重要依据。

建筑平面图的基本内容包括:建筑物的平面形状,房屋内各房间的名称、平面布置情况以及房屋朝向。房屋内、外部尺寸和定位轴线。定位轴线是各构件在长宽方向的定位依据。门窗的代号与编号,门的开启方向。需用详图表达部位,应标注索引符号。内部装修做法和必要的文字说明。底层平面图应注明剖面图的剖切位置。注写图名和绘图比例。

如图7.4所示。建筑平面图实质上是房屋各层的水平剖面图。平面图虽然是房屋的水平剖面图,但按习惯不必标注其剖切位置,也不称为剖面图。

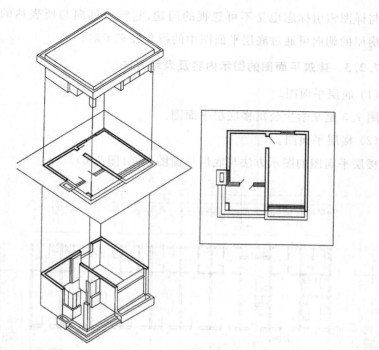

图 7.4 平面图的形成

7.2.2 建筑平面图的作用与读图注意事项

（1）建筑平面图的作用。

主要反映房屋的平面形状、大小和房间布置，墙（或柱）的位置、厚度和材料，门窗的位置、开启方向等。建筑平面图可作为施工放线，砌筑墙、柱，门窗安装和室内装修及编制预算的重要依据。

（2）建筑平面图的读图注意事项。

看清图名和绘图比例，了解该平面图属于哪一层。阅读平面图时，应由低向高逐层阅读平面图。首先从定位轴线开始，根据所注尺寸看房间的开间和进深，再看墙的厚度或柱子的尺寸，看清楚定位轴线是处于墙体的中央位置还是偏心位置，看清楚门窗的位置和尺寸。尤其应注意各层平面图变化之处。在平面图中，被剖切到的砖墙断面上，按规定应绘制砖墙材料图例，若绘图比例小于等于 1∶50，则不绘制砖墙材料图例。平面图中的剖切

位置与详图索引标志也是不可忽视的问题,它涉及朝向与所表达的详尽内容。房屋的朝向可通过底层平面图中的指北针来了解。

7.2.3 建筑平面图的图示内容及表示方法

（1）底层平面图。

图7.5是某学生公寓楼底层平面图。

（2）楼层平面图。

楼层平面图的图示方法与底层平面图相同（图7.6）。

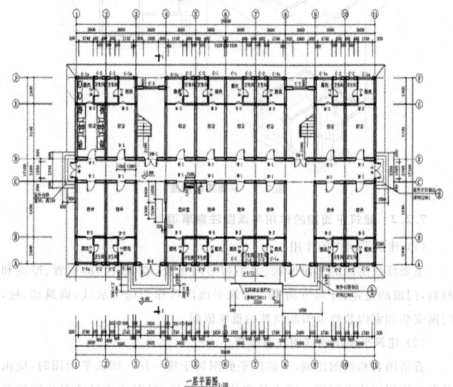

说明:1. 未注明的墙体厚度均为240,轴线居中。

　　2. 盥洗、卫生间的标高见建筑⑩。

　　3. 无障碍做法参见98ZJ90IP40②。

图7.5　建筑平面图

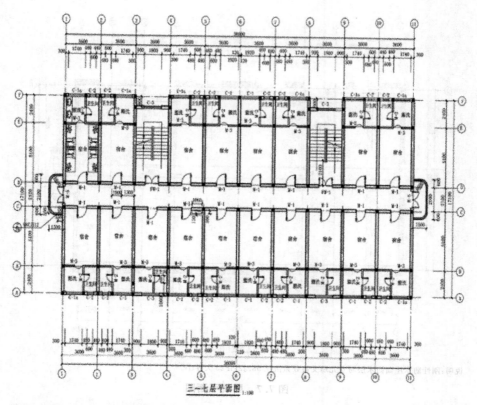

三—七层平面图 1:100

说明:1. 未注明的墙体厚度均为240,轴线居中。

2. 盥洗、卫生间的标高见建筑⑩。

图7.6 标准层平面图

（3）屋顶平面图。

屋顶平面图是屋面的水平投影图,不管是平屋顶还是坡屋顶,主要应表示出屋面排水情况和突出屋面的全部构造位置。屋顶平面图主要表明屋顶的形状,屋面排水方向及坡度,檐沟、女儿墙、屋脊线、落水口、上人孔、水箱及其他构筑物的位置和索引符号等。屋顶平面图比较简单,可用较小的比例绘制,见图7.7。

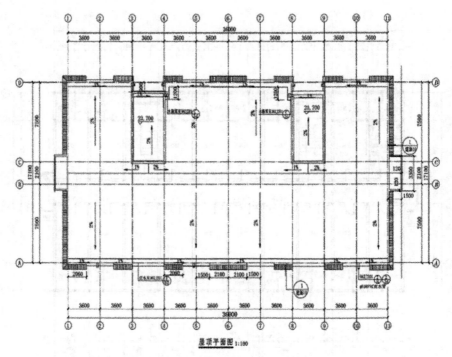

说明:刚性防水屋面防水层与女儿墙交接处做法见 98ZJ201P23 大样①。

图 7.7　屋顶平面图

（4）局部平面图。

局部平面图的图示方法与底层平面图相同。

为了清楚表明局部平面图所处的位置,必须标注与平面图一致的轴线及编号。

常见的局部平面图有卫生间、盥洗室、楼梯间等,见图 7.8。

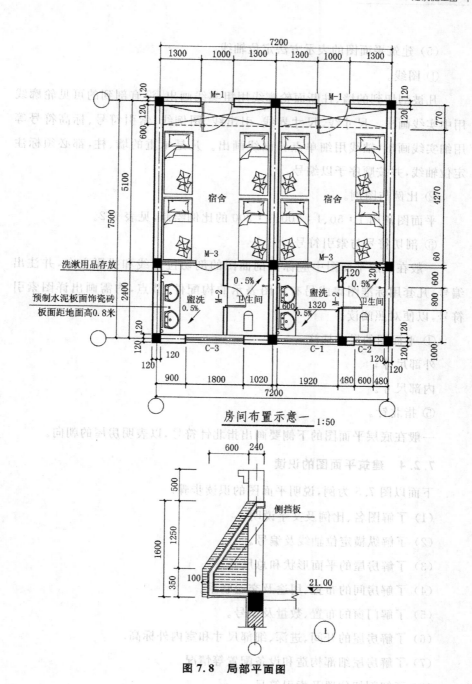

房间布置示意一 1:50

图 7.8 局部平面图

（5）建筑平面图的表示方法定位轴线。

① 图线。

凡被剖切到的墙、柱断面轮廓线用粗实线画出，没有剖到的可见轮廓线用中实线画出。尺寸线、尺寸界线、引出线、图例线、索引符号、标高符号等用细实线画出，轴线用细单点长画线画出。凡是承重的墙、柱，都必须标注定位轴线，并按顺序予以编号。

② 比例与图例。

平面图常用 1∶50、1∶100、1∶200 的比例绘制，见表 7.2。

③ 剖切符号与索引符号。

一般在底层平面图中应标注剖面图的剖切位置线和投影方向，并注出编号；凡套用标准图集或另有详图表示的构配件、节点，均需画出详图索引符号，以便对照阅读。

④ 平面图的尺寸标注。

外部尺寸；

内部尺寸。

⑤ 指北针。

一般在底层平面图的下侧要画出指北针符号，以表明房屋的朝向。

7.2.4　建筑平面图的识读

下面以图 7.5 为例，说明平面图的识读步骤。

（1）了解图名、比例及文字说明。

（2）了解纵横定位轴线及编号。

（3）了解房屋的平面形状和总尺寸。

（4）了解房间的布置、用途及交通联系。

（5）了解门窗的布置、数量及型号。

（6）了解房屋的开间、进深、细部尺寸和室内外标高。

（7）了解房屋细部构造和设备配置等情况。

（8）了解剖切位置及索引符号。

7.3　建筑立面图

7.3.1　建筑立面图的形成

以平行于房屋外墙面的投影面,用正投影的原理绘制出的房屋投影图,称为立面图(图7.9)。

有定位轴线的建筑物,宜根据两端定位轴线号编注立面图名称

无定位轴线的建筑物,可按平面图各面的朝向确定名称

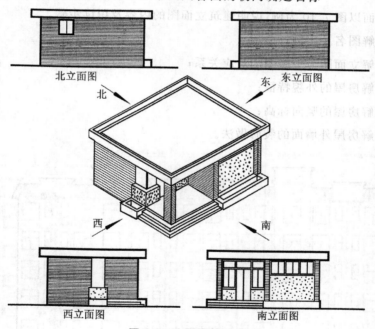

图7.9　立面图的形成

7.3.2　建筑立面图的作用

建筑立面图主要反映房屋的体型和外貌、门窗的形式和位置、墙面的材料和装修做法等,是施工的重要依据。

7.3.3 建筑立面图的表示方法

（1）定位轴线。

（2）图线。

（3）比例与图例。

（4）立面图上外墙面的装修做法一般用文字加以说明。

（5）详图索引符号的要求同平面图。

（6）尺寸标注。

7.3.4 建筑立面图的识读

下面以图 7.10 为例，说明建筑立面图的内容及识读步骤。

了解图名及比例；

了解立面图与平面图的对应关系；

了解房屋的外貌特征；

了解房屋的竖向标高；

了解房屋外墙面的装修做法。

图 7.10　建筑立面图

7.4　建筑剖面图

7.4.1　建筑剖面图的形成

假想用一个或多个垂直于外墙轴线的铅垂剖切平面将房屋剖开,移去靠近观察者的部分,对留下部分所作的正投影图称为建筑剖面图。

建筑剖面图是整幢建筑物的垂直剖面图。剖面图的图名应与底层平面图上标注的剖切符号编号一致,如Ⅰ—Ⅰ剖面图。

7.4.2　建筑剖面图的作用

建筑剖面图主要用来表达房屋内部垂直方向的高度、楼层分层情况及简要的结构形式和构造方式。

它与建筑平面图、立面图相配合,是建筑施工中不可缺少的重要图样之一。

7.4.3　建筑剖面图的表示方法

(1)定位轴线。

(2)图线。

(3)比例。

(4)图例。

(5)剖切位置与数量的选择。

(6)尺寸标注。

(7)楼、地面各层构造作法。

(8)详图索引符号。

7.4.4　建筑剖面图的识读

下面以图7.11为例,说明剖面图的内容及识读步骤;了解图名及比例;了解剖面图与平面图的对应关系;了解房屋的结构形式;了解主要标高和尺

寸；了解屋面、楼面、地面的构造层次及做法；了解屋面的排水方式；了解索引详图所在的位置及编号

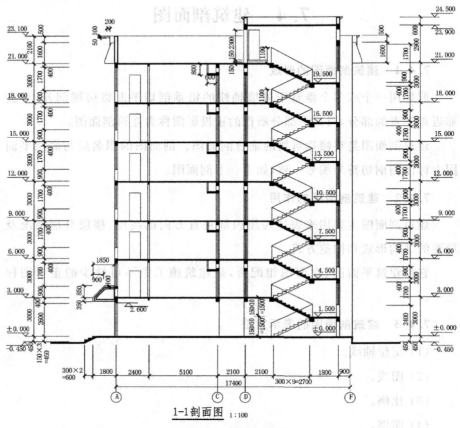

1-1剖面图 1:100

图 7.11 建筑剖面图

7.5 建筑详图

7.5.1 建筑详图的形成

由于画平面、立面、剖面图时所用的比例较小，房屋上许多细部的构造无法表示清楚，为了满足施工的需要，必须分别将这些部位的形状、尺寸、材料、做法等用较大的比例详细画出图样，这种图样称为建筑详图，简称详图。

7.5.2 建筑详图的特点及作用

特点：一是比例大，二是图示内容详尽清楚，三是尺寸标注齐全、文字说明详尽。

建筑详图是建筑细部的施工图，是对建筑平面、立面、剖面图等基本图样的深化和补充，是建筑工程的细部施工、建筑构配件的制作及编制预算的依据。

7.5.3 建筑详图的种类

建筑详图可分为节点构造详图和构配件详图两类。

凡表达房屋某一局部构造做法和材料组成的详图称为节点构造详图（如檐口、窗台、勒脚、明沟等）。

凡表明构配件本身构造的详图，称为构件详图或配件详图（如门、窗、楼梯、花格、雨水管等）。

7.5.4 建筑详图的表示方法

详图的数量。详图的数量和图示内容与房屋的复杂程度及平面、立面、剖面图的内容和比例有关。

对于套用标准图或通用图的建筑构配件和节点，只需注明所套用图集的名称、型号或页次，可不必另画详图。

对于节点构造详图，应在详图上注出详图符号或名称，以便对照查阅。

而对于构配件详图,可不注索引符号,只在详图上写明该构配件的名称或型号即可。

7.5.5 建筑详图的内容

一幢房屋施工图通常需绘制以下几种详图:外墙剖面详图、楼梯详图、门窗详图及室内外一些构配件的详图。各详图的主要内容如下。

(1)图名(或详图符号)、比例。

(2)表达出构配件各部分的构造连接方法及相对位置关系。

(3)表达出各部位、各细部的详细尺寸。

(4)详细表达构配件或节点所用的各种材料及其规格。

(5)有关施工要求、构造层次及制作方法说明等。

7.5.6 外墙剖面详图

外墙剖面详图实质上是建筑剖面图中外墙部分的局部放大。

外墙剖面详图一般采用 1∶20 的较大比例绘制,为节省图幅,通常采用折断画法,往往在窗洞中间处断开,成为几个节点详图的组合,如图 7.12。

外墙剖面详图上标注尺寸和标高,与建筑剖面图基本相同,线型也与剖面图一样,剖到的轮廓线用粗实线,粉刷线则为细实线,断面轮廓线内应画上材料图例。

现以图 7.12 为例,说明外墙剖面详图的内容

外墙剖面详图采用的比例为 1∶10,从轴线符号可知为轴线外墙身。

图中表明明沟、勒脚的做法。

窗台为砖砌,挑出 60 mm,厚度 60 mm。

墙体采用普通砖砌筑,窗过梁、压顶、防潮层、天沟、楼板等均为钢筋混凝土制作。

图中反映出楼板与墙体、天沟板与墙体、雨水管与墙体、过梁与墙体等相互间的位置关系。

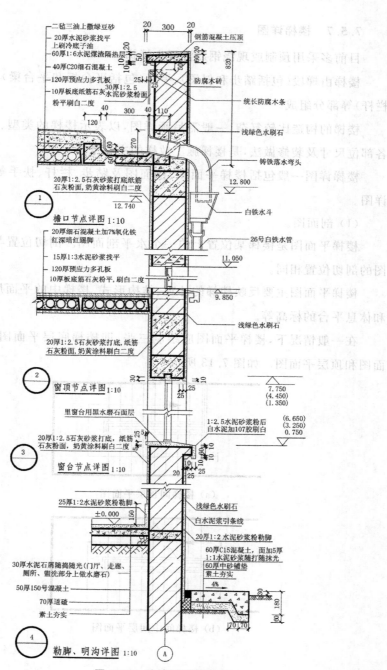

二毡三油上撒绿豆砂
20厚水泥砂浆找平
上刷冷底子油
60厚1:6水泥煤渣隔热层
40厚C20细石混凝土
120厚预应力多孔板
10厚板底筋纸筋石灰砂浆粉面
粉平刷白二度

钢筋混凝土压顶

防腐木砖

统长防腐木条

浅绿色水刷石

铸铁落水弯头

12.800

① 20厚1:2.5石灰砂浆打底纸筋
石灰粉面,奶黄涂料刷白二度
12.740

白铁水斗

檐口节点详图 1:10
20厚细石泥凝土加7%氧化铁
红深暗红踢脚
15厚1:3水泥砂浆找平
120厚预应力多孔板
10厚板底筋石灰粉平,刷白二度

26号白铁水管

11.050

9.850

浅绿色水刷石

② 窗顶节点详图 1:10

7.750
(4.450)
(1.350)

里窗台用黑水磨石面层

1:2.5水泥砂浆后
白水泥加107胶刷白

(6.650)
(3.250)
0.750

③ 20厚1:2.5石灰砂浆打底,纸筋
石灰粉面,奶黄涂料刷白二度

窗台节点详图 1:10

25厚1:2水泥砂浆粉勒脚
±0.000

浅绿色水刷石
白水泥浆引条线
20厚1:2 水泥砂浆粉勒脚
60厚C15混凝土,面加5厚
1:1水泥砂浆随打随抹光
60厚中砂铺垫
素土夯实
4%

30厚水泥石屑随捣随光(门厅、走廊、
厕所、盥洗部分上做水磨石)
50厚150号混凝土
70厚道碴
素土夯实

④ 勒脚、明沟详图 1:10

A

图7.12 外墙剖面详图

159

7.5.7 楼梯详图

目前多采用预制或现浇钢筋混凝土楼梯。

楼梯由梯段(包括踏步和斜梁)、平台(包括平台板和平台梁)和栏板(或栏杆)等部分组成。

楼梯的构造比较复杂,一般需另画详图,以表示楼梯的类型、结构形式、各部位尺寸及装修做法,是楼梯施工放样的主要依据。

楼梯详图一般包括楼梯平面图、剖面图及踏步、栏杆、扶手等处的节点详图。

(1)剖面图。

楼梯平面图是楼梯某位置上的一个水平剖面图。剖切位置与建筑平面图的剖切位置相同。

楼梯平面图主要反映楼梯的外观、结构形式、楼梯中的平面尺寸及楼层和休息平台的标高等。

在一般情况下,楼梯平面图应绘制三张,即楼梯底层平面图、中间层平面图和顶层平面图。如图7.13所示

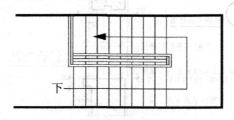

(a)楼梯间顶层平面图

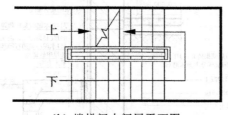

(b)楼梯间中间层平面图

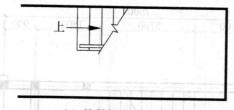

（c）楼梯间底层平面图

图 7.13 楼梯各层平面图

下面以图 7.14 为例，说明楼梯平面图的识读步骤：

了解楼梯在建筑平面图中的位置及有关轴线的布置；

了解楼梯的平面形式和踏步尺寸；

了解楼梯间各楼层平台、休息平台面的标高；

了解中间层平面图中三个不同梯段的投影；

了解楼梯间墙、柱、门、窗的平面位置、编号和尺寸；

了解楼梯剖面图在楼梯底层平面图中的剖切位置。

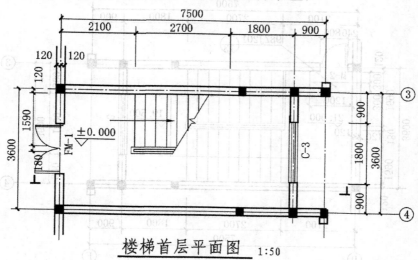

楼梯首层平面图 1:50

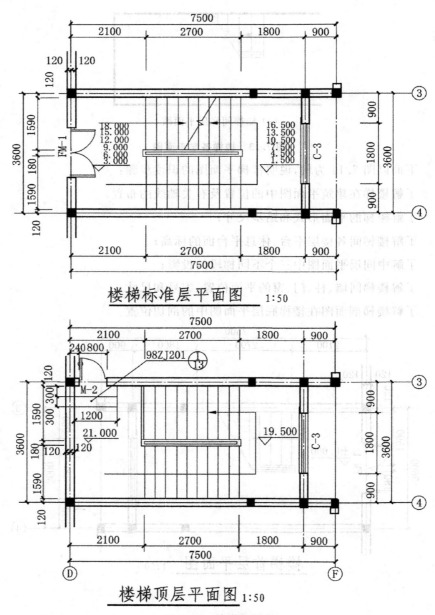

楼梯标准层平面图 1:50

楼梯顶层平面图 1:50

图 7.14　楼梯平面图

（2）楼梯剖面图是楼梯垂直剖面图的简称,其剖切位置应通过各层的一个梯段和门窗洞口,向另一未剖到的梯段方向投影所得到的剖面图,如图7.15所示。

楼梯剖面图主要表达楼梯的梯段数、踏步数、类型及结构形式,表示各梯段、平台、栏杆等的构造及它们的相互关系。

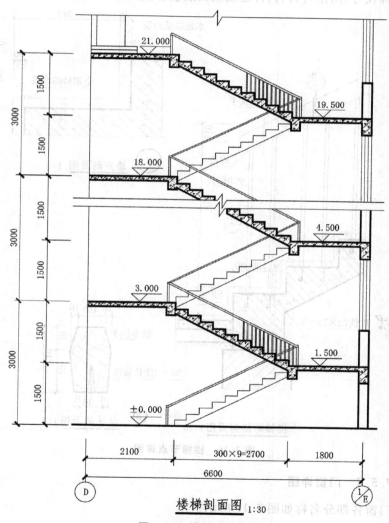

楼梯剖面图 1:30

图 7.15 楼梯剖面图

（3）楼梯节点详图。

楼梯节点详图一般包括踏步、扶手、栏杆详图和梯段与平台处的节点构造详图。

依据所画内容的不同，详图可采用不同的比例，以反映它们的断面型式、细部尺寸、所用材料、构件连接及面层装修做法等，如图7.16所示。

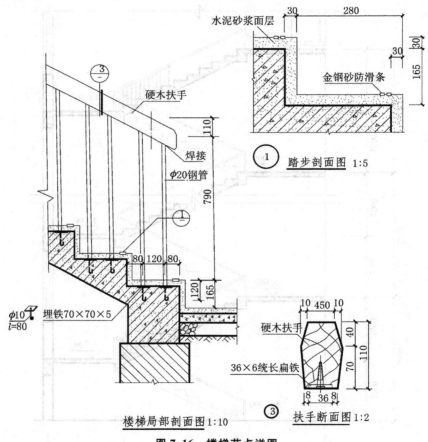

图7.16 楼梯节点详图

7.5.8 门窗详图

门窗各部分名称如图7.17所示。

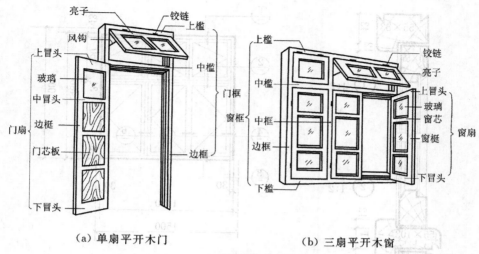

（a）单扇平开木门　　　　　　（b）三扇平开木窗

图 7.17　木门窗的组成与名称

（1）门窗详图的内容。

门窗详图由门窗的立面图、门窗节点剖面图、门窗五金表及文字说明等组成。

门窗立面图表明门窗的组合形式、开启方式、主要尺寸及节点索引标志。

门窗的开启方式由开启线决定，开启线有实线和虚线之分。

门窗节点剖面图表示门窗某节点中各部件的用料和断面形状，还表示各部件的尺寸及其相互间的位置关系。

（2）门窗详图的识读。

现以图 7.18 为例，说明木窗详图的内容。

从窗的立面图上了解窗的组合形式及开启方式。

从窗的节点详图中还可了解到各节点窗框、窗扇的组合情况及各木料的用料断面尺寸和形状。

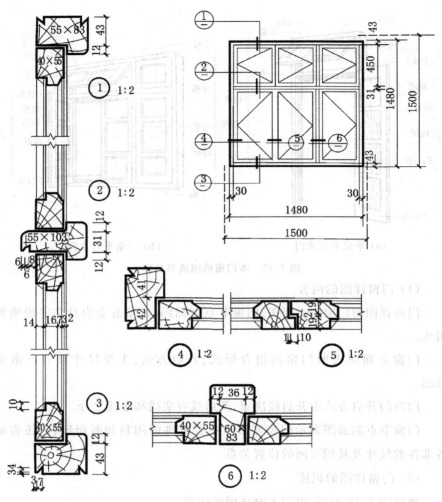

图 7.18 木窗详图

7.6 建筑施工图的绘制

7.6.1 绘制建筑施工图的目的和要求

学会绘制施工图,才能把房屋的内容及设计意图正确、清晰、明了地表达出来。同时,进一步认识房屋的构造,提高识读建筑施工图的能力。

绘制施工图时,要认真细致,做到投影正确、表达清楚、尺寸齐全、字体工整、图样布置紧凑、图面整洁清晰、符合制图规定。

7.6.2　绘制建筑施工图的步骤及方法

(1) 绘图工具、图纸的准备。

(2) 熟悉房屋的概况、确定图样比例和数量。

(3) 合理布置图面。

(4) 打底稿。

(5) 检查加深。

(6) 注写尺寸、图名、比例和各种符号。

(7) 填写标题栏。

(8) 清洁图面,擦去不必要的作图线和脏痕。

7.6.3　绘图中的习惯画法

相同方向、相同线型尽可能一次画完,以免三角板、丁字尺来回移动相等的尺寸尽可能一次量出,同一方向的尺寸一次量出,铅笔加深或描图上墨顺序:先画上部,后画下部;先画左边,后画右边;先画水平线,后画垂直线或倾斜线;先画曲线,后画直线。

7.6.4　建筑施工图画法举例

(1) 平面图的画法步骤。

画定位轴线,墙、柱轮廓线,如图 7.19(a);定门窗洞的位置,画细部。如楼梯、台阶、卫生间、散水、明沟、花池等,如图 7.19(b);按前述绘图方法中的要求检查、加深图线;画剖切位置线、尺寸线、标高符号、门的开启线并标注定位轴线、尺寸、门窗编号,注写图名、比例及其他文字说明,如图 7.19(c)。

图 7.19　平面图的画法步骤

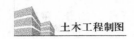
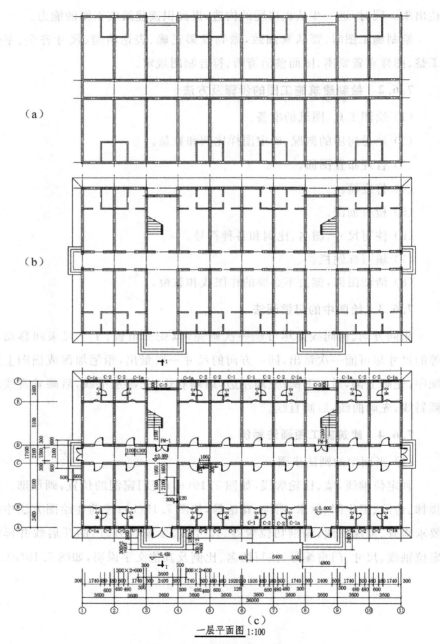

（c）

一层平面图 1:100

图 7.19 平面图画法步骤

（2）剖面图的画法步骤。

画定位轴线、室内外地坪线、各层楼面线和屋面线，并画墙身，如图 7.20（a）；定门窗和楼梯位置，画细部。如门窗洞、楼梯、梁板、雨篷、檐口、屋面、台阶等如图 7.20（b）；经检查无误后，擦去多余线条，按施工图要求加深图线。画材料图例，注写标高、尺寸、图名、比例及有关的文字说明，如图 7.20（c）。

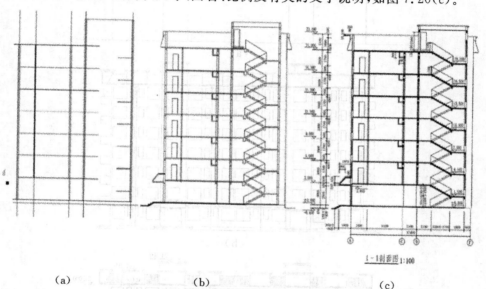

（a）	（b）	（c）
第一步　定轴线、室内外地坪线、楼面线和顶棚线，并画墙身。	第二步　定门窗和楼梯位置，画细部，如门洞、楼梯、梁板、雨篷、檐口、屋面、台阶等。	第三步　按施工图要求加深图线，画材料图例，注写标高、尺寸、图名、比例及有关文字说明。

图 7.20　剖面图画法步骤

（3）立面图的画法步骤。

从平面图中引出立面的长度，从剖面图高平齐对应出立面的高度及各部位的相应位置；画室外地坪线、屋面线和外墙轮廓线，如图 7.21（a）；定门窗位置，画细部。如图 7.21（b）；检查后加深图线，画出少量门窗扇、装饰、墙面分格线、定位轴线，并注写标高、图名、比例及有关文字说明，如图 7.21（c）。

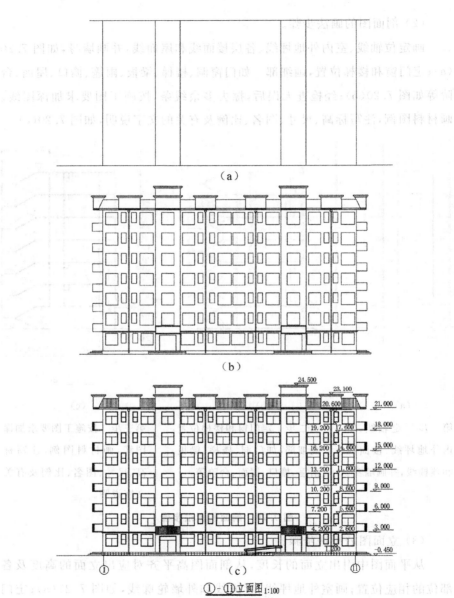

图 7.21 立面图画法步骤

（4）楼梯详图的画法。

1）楼梯平面图画法步骤。

① 先定轴线，根据楼梯开间和进深尺寸绘制纵横两根轴线，定梯段的长度和平台宽度，楼梯井的宽度，如图 7.22(a)所示。

② 定墙厚、踏面宽度、门窗洞口宽度，如图 7.22(b)所示。

③ 画细部，标注尺寸。如图 7.22(c)所示。

2）楼梯剖面图的画法步骤。

① 定轴线、定楼面、定休息平台的位置。图 7.23(a)所示。

② 定踏步图 7.23(b)所示。

③ 定墙体、楼板和平台板的厚度图 7.23(c)所示。

④ 画细部图 7.23(d)所示。

经检查无误后，根据规定加深、加粗图线，标注尺寸、标高，注写图名、比例和文字说明等。

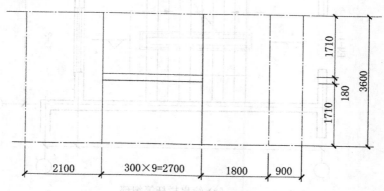

（a）定轴线、梯段宽、平台宽、梯段长

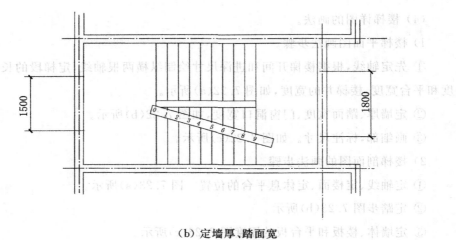

（b）定墙厚、踏面宽

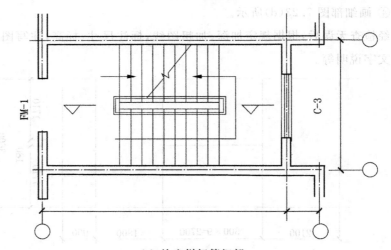

（c）绘出栏杆等细部

图 7.22　楼梯平面图画法步骤

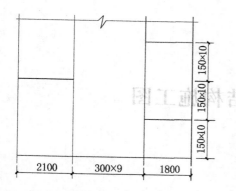

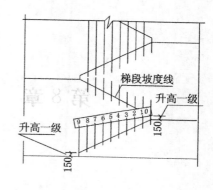

（a）定轴线、定楼面、平台表面线，定
　　梯段和平台宽

（b）升高一级定楼梯坡度线，踏面宽线

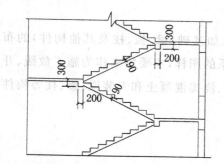

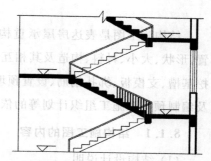

（c）定墙厚、楼面厚度、定平台梁高度和宽
　　度，定墙面、踏面、梯板厚度，定窗洞高度

（d）绘栏杆、扶手等细部，画材料图
　　例，绘标高符号

图 7.23　楼梯剖面图画法步骤

第8章 结构施工图

8.1 概述

结构施工图是表达房屋承重构件(如基础、梁、板、柱及其他构件)的布置、形状、大小、材料、构造及其相互关系的图样,主要用来作为施工放线、开挖基槽、支模板、绑扎钢筋、设置预埋件、浇捣混凝土和安装梁、板、柱等构件及编制预算和施工组织计划等的依据。

8.1.1 结构施工图的内容

(1)结构设计说明。

结构设计说明是带全局性的文字说明,它包括:选用材料的类型、规格、强度等级,地基情况,施工注意事项,选用标准图集等。

(2)结构平面布置图。

结构平面布置图是表示房屋中各承重构件总体平面布置的图样。它包括:

① 基础平面图;

② 楼层结构置平面图;

③ 屋盖结构平面图。

其中,基础平面图是假象用水平剖切平图,沿房屋的底层底面将房屋剖开,移去剖切平面以上的房屋和基础回填土后所作的水平投影。

（3）构件详图。

构件详图包括：

① 梁、柱、板及基础结构详图；

② 楼梯结构详图；

③ 屋架结构详图；

④ 其他详图，如天窗、雨篷、过梁等。

8.1.2　结构施工图中的有关规定

房屋建筑是由多种材料组成的结合体，目前房屋结构中采用较普遍的是混合结构和钢筋混凝土结构。

国家《建筑结构制图标准》对结构施工图的绘制有明确的规定，现将有关规定介绍如下：

（1）常用构件代号。

常用构件代号用各构件名称的汉语拼音的第一个字母表示，详见表8.1。

（2）常用钢筋符号。

钢筋按其强度和品种分成不同的等级，并用不同的符号表示

（3）一般钢筋图例。

常用钢筋图例见表8.2。

（4）钢筋的名称。

配置在混凝土中的钢筋，按其作用和位置可分为以下几种，如图8.1所示。

① 受力筋；② 箍筋；③ 架立筋；④ 分布筋；⑤ 构造筋。

（5）保护层。

钢筋外缘到构件表面的距离称为钢筋的保护层。其作用是保护钢筋免受锈蚀，提高钢筋与混凝土的粘结力。

（6）钢筋的标注。

钢筋的直径、根数及相邻钢筋中心距在图样上一般采用引出线方式标

注,其标注形式有下面两种:

标注钢筋的根数和直径

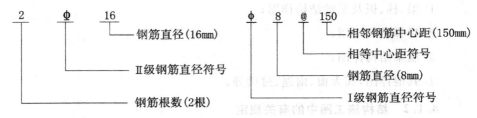

图 8.1

（7）钢筋混凝土构件图示方法。

为了清楚地表明构件内部的钢筋,可假设混凝土为透明体,这样构件中的钢筋在施工图中便可看见。钢筋在结构图中其长度方向用单根粗实线表示,断面钢筋用圆黑点表示,构件的外形轮廓线用中实线绘制。

表 8.1　常用构件代号

序号	名称	代号	序号	名称	代号	序号	名称	代号
1	板	B	19	圈梁	QL	37	承台	CT
2	屋面板	WB	20	过梁	GL	38	设备基础	SJ
3	空心板	KB	21	过系梁	LL	39	桩	ZH
4	槽形板	CB	22	基础梁	JL	40	挡土墙	DQ
5	折板	ZB	23	楼梯梁	TL	41	地沟	DG
6	密肋板	MB	24	框架梁	KL	42	柱间支撑	ZC
7	楼梯板	TB	25	框支梁	KZL	43	垂直支撑	CC
8	盖板	GB	26	屋面框架梁	WKL	44	水平支撑	SC
9	挡雨板	YB	27	檩条	LT	45	梯	T
10	吊车安全道板	DB	28	屋架	WJ	46	雨篷	YP
11	墙板	QB	29	托架	TJ	47	阳台	YT
12	天沟板	TGB	30	天窗架	CJ	48	梁垫	LD
13	梁	L	31	框架	KJ	49	预埋件	M
14	屋面梁	WL	32	刚架	GJ	50	天窗端壁	TD

续表

序号	名称	代号	序号	名称	代号	序号	名称	代号
15	吊车梁	DL	33	支架	ZJ	51	钢筋网	W
16	单轨吊车梁	DDL	34	柱	Z	52	钢筋骨架	G
17	轨道连接	DGL	35	框架柱	KZ	53	基础	J
18	车挡	CD	36	构造柱	GZ	54	暗柱	AZ

表 8.2　一般钢筋图例

序号	名称	图例	说明
1	钢筋横断面	●	
2	无弯钩的钢筋端部		下图表示长、短钢筋投影重叠时,短钢筋的端部用 45° 斜划线表示
3	带半圆形弯钩的钢筋端部		
4	带直钩的钢筋端部		
5	带丝扣的钢筋端部		
6	无弯钩的钢筋搭接		
7	带半圆弯钩的钢筋搭线		
8	带直钩的钢筋搭接		
9	花篮螺丝钢筋接头		
10	机械连接的钢筋接头		用文字说明机械连接的方式

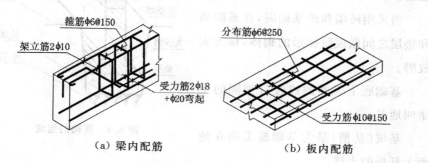

（a）梁内配筋　　　　　（b）板内配筋

图 8.2　构件中钢筋的名称

177

8.2 基础图

基础是建筑物地面以下承受房屋全部荷载的构件,基础的型式取决于上部承重结构的型式和地基情况。同样它也是房屋的地下承重结构,它将房屋的各种荷载传递给地基。以常见的条形基础为例,地基是基础下面的土层,基坑是为了基础施工而在地面上开挖的土坑,坑底是基础的底面。基础墙是指埋入地下的墙,大放脚是指基础墙下的阶梯形砌体。混凝土做成的垫层位于大放脚下,防潮层是为防止地下水对墙体侵蚀而设置的。

在民用建筑中,常见的型式有条形基础(即墙基础)和独立基础(即柱基础),如图8.3。

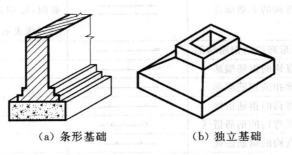

（a）条形基础　　　　（b）独立基础

图8.3　基础的型式

条形基础埋入地下的墙称为基础墙。

当采用砖墙和砖基础时,在基础墙和垫层之间做成阶梯形的砌体,称为大放脚。

基础底下天然的或经过加固的土壤叫地基。

基坑(基槽)是为基础施工而在地面上开挖的土坑。

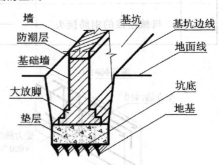

图8.4　基础的组成

坑底就是基础的底面,基坑边线就是放线的灰线。

防潮层是防止地下水对墙体侵蚀而铺设的一层防潮材料,如图 8.4。

基础图主要是表示建筑物在相对标高±0.000 以下基础结构的图纸,一般包括基础平面图和基础详图。它是施工时在基地上放灰线、开挖基槽、砌筑基础的依据。

8.2.1 基础平面图

(1)基础平面图的形成。

基础平面图是假想用一个水平面沿房屋底层室内地面附近将整幢建筑物剖开后,移去上层的房屋和基础周围的泥土向下投影所得到的水平剖面图。

(2)基础平面图的表示方法。

在基础平面图中,只画出基础墙、柱及基础底面的轮廓线,基础的细部轮廓(如大放脚)可省略不画。

凡被剖切到的基础墙、柱轮廓线,应画成中实线,基础底面的轮廓线应画成细实线,基础平面图中采用的比例及材料图例与建筑平面图相同。

基础平面图应注出与建筑平面图相一致的定位轴线编号和轴线尺寸。

当基础墙上留有管洞时,应用虚线表示其位置,具体做法及尺寸另用详图表示。当基础中设基础梁和地圈梁时,用粗单点长画线表示其中心线的位置。

(3)基础平面图的尺寸标注。

基础平面图的尺寸标注分内部尺寸和外部尺寸两部分。

外部尺寸只标注定位轴线的间距和总尺寸。内部尺寸应标注各道墙的厚度、柱的断面尺寸和基础底面的宽度等。

平面图中的轴线编号、轴线尺寸均应与建筑平面图相吻合。

(4)基础平面图的剖切符号。

凡基础宽度、墙厚、大放脚、基底标高、管沟做法不同时,均以不同的断面图表示,所以在基础平面图中还应注出各断面图的剖切符号及编号,以便对照查阅。

(5) 基础平面图的主要内容。

① 图名、比例。

② 纵横向定位轴线及编号、轴线尺寸。

③ 基础墙、柱的平面布置,基础底面形状、大小及其与轴线的关系。

④ 基础梁的位置、代号。

⑤ 基础编号、基础断面图的剖切位置线及其编号。

⑥ 施工说明,即所用材料的强度等级、防潮层做法、设计依据以及施工注意事项等。

8.2.2 基础详图

(1) 基础详图的形成。

在基础的某一处用铅垂剖切平面切开基础所得到的断面图称为基础详图,常用 1 : 10、1 : 20、1 : 50 的比例绘制。

基础详图表示了基础的断面形状、大小、材料、构造、埋深及主要部位的标高等,如图 8.5。

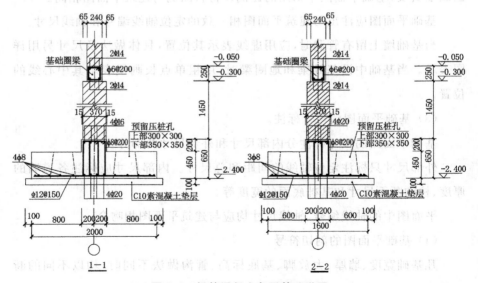

图 8.5 钢筋混凝土条形基础详图

（2）基础详图的数量。

同一幢房屋，由于各处有不同的荷载和不同的地基承载力，下面就有不同的基础。对于每一种不同的基础，都要画出它的断面图，并在基础平面图上用1—1、2—2、3—3……剖切位置线表明该断面的位置。

（3）基础详图的表示方法。

基础断面形状的细部构造按正投影法绘制。基础断面除钢筋混凝土材料外，其他材料宜画出材料图例符号。

钢筋混凝土独立基础除画出基础的断面图外，有时还要画出基础的平面图，并在平面图中采用局部剖面表达底板配筋，如图8.6。基础详图的轮廓线用中实线表示，钢筋符号用粗实线绘制（见图8.6）。

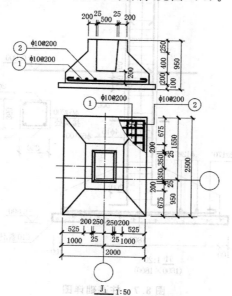

图8.6 独立基础详图

（4）基础详图的主要内容。

图名、比例；

轴线及其编号；

基础断面形状、大小、材料以及配筋；

基础断面的详细尺寸和室内外地面标高及基础底面的标高；

防潮层的位置和做法；

施工说明等。

（5）基础详图的识读。

现以图 8.5 中 2-2 基础详图为例，说明基础详图的内容和图示要求。图 8.7 为某柱基础详图。

基础平面图及详图的绘制与建筑平面图、剖面图和详图基本相同。

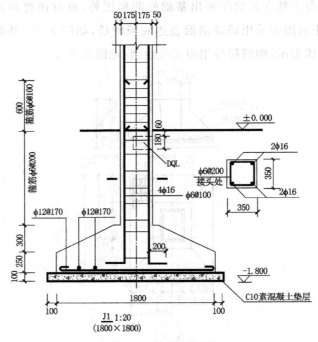

图 8.7 柱基础详图

8.3 结构平面图

结构平面图是表示建筑物室外地面以上各层平面承重构件（如梁、板、柱、墙、门窗过梁、圈梁等）布置的图样，一般包括楼层结构平面图和屋顶结构平面图。

结构平面布置图是表示墙、梁、板、柱等承重构件在平面图中的位置的图样，是施工中布置各层承重构件的依据。结构平面布置图是假象用一个紧贴楼面的水平面剖切楼层后所得到的水平投影。一幢房屋如果有若干层是相同的楼面结构布置时，可合用一个结构平面图；若为不同的结构布置，则应有各自不同的结构平面图。屋顶结构布置要适应排水、隔热等特殊要求，因此屋顶的结构布置通常要另画成屋顶结构平面图。屋顶结构平面图的内容和图示特点与楼层结构平面布置图相似。在结构平面整体表示法中，常将柱、梁、板分别表示在同类构件的平面布置图上。如柱平面布置及配筋图、二层梁配筋图、二层板钢筋布置图等，如 8.8 所示。

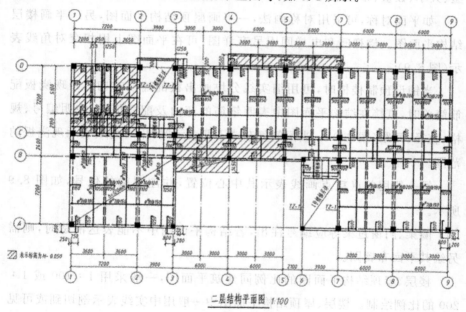

说有：

1. 未标注的板厚 h 为 h=100 mm，未注明的板标高为 H=3.250 m。

2. 未标注的梁定位轴线居中，或一边与墙柱齐平。

3. 图中未标注的现浇板支座负钢筋为 $\phi^R 8@200$，未标注的底筋为 $\phi^R 7@180$，板分布筋为 $\phi 6.5@200$。

图8.8　二层结构平面图

8.3.1 楼层结构平面图

（1）楼层结构平面图的形成。

楼层结构平面图是假想用一个水平的剖切平面沿楼板面将房屋剖开后所作的楼层水平投影。

它是用来表示每层的梁、板、柱、墙等承重构件的平面布置，说明各构件在房屋中的位置，以及它们之间的构造关系，是现场安装或制作构件的施工依据。

（2）楼层结构平面图的表示方法。

对于多层建筑，一般应分层绘制楼层结构平面图。但如各层构件的类型、大小、数量、布置相同时，可只画出标准层的楼层结构平面图。

如平面对称，可采用对称画法，一半画屋顶结构平面图，另一半画楼层结构平面图。楼梯间和电梯间因另有详图，可在平面图上用相交对角线表示（图8.9）。

当铺设预制楼板时，可用细实线分块画出板的铺设方向。当现浇板配筋简单时，直接在结构平面图中表明钢筋的弯曲及配置情况，注明编号、规格、直径、间距（图8.9）。当配筋复杂或不便表示时，用对角线表示现浇板的范围。

梁一般用单点粗点画线表示其中心位置，并注明梁的代号，如图8.9所示。

圈梁、门窗过梁等应编号注出，若结构平面图中不能表达清楚时，则需另绘其平面布置图。

楼层、屋顶结构平面图的比例同建筑平面图，一般采用1∶100或1∶200的比例绘制。楼层、屋顶结构平面图中一般用中实线表示剖切到或可见的构件轮廓线，图中虚线表示不可见构件的轮廓线。

楼层结构平面图的尺寸，一般只注开间、进深、总尺寸及个别地方容易弄错的尺寸。定位轴线的画法、尺寸及编号应与建筑平面图一致。

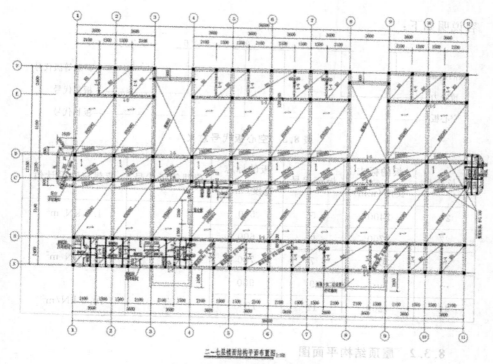

二～七层楼面结构平面布置图 1:100

图8.9 楼层结构平面图

（3）楼层结构平面图的主要内容。

图名、比例；

与建筑平面图相一致的定位轴线及编号；

墙、柱、梁、板等构件的位置及代号和编号；

预制板的跨度方向、数量、型号或编号和预留洞的大小及位置；

轴线尺寸及构件的定位尺寸；

详图索引符号及剖切符号；

文字说明。

（4）楼层结构平面图的识读。

以图8.9学生公寓楼二～七层楼面结构平面布置图为例，说明结构平面图的内容和图示要求。空心板代号如表8.3所示。

目前各地区的标注方法均有不同，本图所用为湖北地区的标注法，其内

容说明如下：

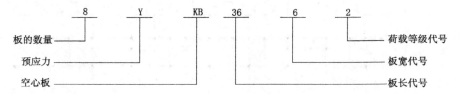

表 8.3　空心板代号意义

板长代号	板的标志长度（mm）	板宽代号	板的标志宽度（mm）	荷载等级代号	荷载允许设计值
24	2400	5	500	1	4.0 kN/m²
27	2700	6	600		
30	3000	7	700	2	7.0 kN/m²
⋯	⋯	9	900		
42	4200	12	1200	3	10.0 kN/m²

8.3.2　屋顶结构平面图

屋顶结构平面图是表示屋面承重构件平面布置的图样,其图示内容和表达方法与楼层结构平面图基本相同。对于混合结构的房屋,根据抗震和整体刚度的需要,应在适当位置设置圈梁。

圈梁用粗实线表示,并在适当位置画出断面的剖切符号,以便与圈梁断面图对照阅读。

圈梁平面图的比例可小些(1∶200),图中要求注出定位轴线间的距离尺寸。

8.4　构件详图

8.4.1　钢筋混凝土基本知识

混凝土是由水泥、砂子、石子和水按一定比例拌和,经浇捣、养护硬化后而形成的一种人造材料。配有钢筋的混凝土称为钢筋混凝土。没有配置钢筋的混凝土称为素混凝土。用钢筋混凝土制成的梁、板、柱、基础等构件称为钢筋混凝土构件,它分定型构件和非定型构件两种。定型构件可直接引用标准图或通用图,只要在图纸上写明选用构件所在标准图集或通用图集的名称、代号即可。自行设计的非定型构件,则必须绘制其构件详图。

钢筋混凝土构件还分现浇钢筋混凝土构件和预制钢筋混凝土构件、普通钢筋混凝土构件和预应力钢筋混凝土构件等

8.4.2 钢筋混凝土构件详图种类及表示方法

(1)钢筋混凝土构件详图种类。

① 模板图。

模板图也称外形图,它主要表明钢筋混凝土构件的外形,预埋铁件、预留钢筋、预留孔洞的位置,各部位尺寸和标高、构件以及定位轴线的位置关系等。

② 配筋图。

配筋图包括立面图、断面图和钢筋详图,主要表示构件内部各种钢筋的位置、直径、形状和数量等。

③ 钢筋表。

为便于编制预算,统计钢筋用料,对配筋较复杂的钢筋混凝土构件应列出钢筋表,以计算钢筋用量(见表8.4)。

表 8.4 钢筋表

构件名称	构件数	钢筋编号	钢筋规格	简图	长度(mm)	每件支数	总支数	累计质量(kg)
L1	1	1	$\phi12$		3 640	2	2	7.41
		2	$\phi12$		4 204	1	1	4.45
		3	$\phi6$		3 490	2	2	1.55
		4	$\phi6$		650	18	18	2.60

（2）钢筋混凝土构件详图表示方法。

采用正投影并视构件混凝土为透明体，以重点表示钢筋的配置情况，如图8.9。

断面图的数量应根据钢筋的配置而定，凡是钢筋排列有变化的地方，都应画出其断面图。

为防止混淆，方便看图，构件中的钢筋都要统一编号，在立面图和断面图中要注出一致的钢筋编号、直径、数量、间距等。单根钢筋详图按由上而下，用同一比例排列在梁立面图的下方，与之对齐，如图8.10所示。

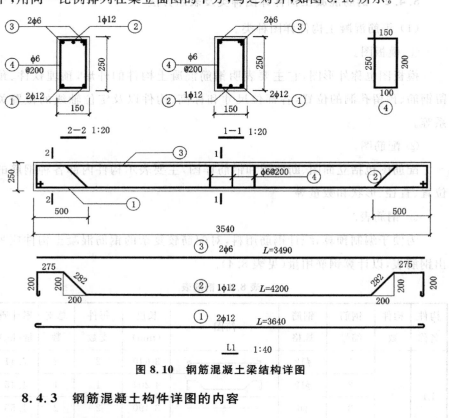

图8.10 钢筋混凝土梁结构详图

8.4.3 钢筋混凝土构件详图的内容

（1）构件名称或代号、比例。

（2）构件的定位轴线及其编号。

（3）构件的形状、尺寸和预埋件代号及布置。

（4）构件内部钢筋的布置。

（5）构件的外形尺寸、钢筋规格、构造尺寸以及构件底面标高。

（6）施工说明。

8.4.4　钢筋混凝土构件详图的识读

（1）钢筋混凝土梁。

梁是房屋结构中的主要承重构件，常见的有过梁、圈梁、楼板梁、框架梁、楼梯梁、雨篷梁等。梁的结构详图由配筋图和钢筋表组成，现以图 8.9 中 L1 梁为例，说明梁的结构详图内容。

（2）钢筋混凝土柱。

钢筋混凝土柱构件详图与钢筋混凝土梁基本相同，对于比较复杂的钢筋混凝土柱，除画出构件的立面图和断面图外，还需画出模板图。

现以图 8.11 中现浇钢筋混凝土柱的立面图和断面图为例，说明钢筋混凝土柱的图示内容。

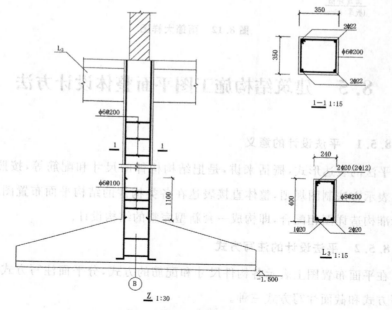

图 8.11　钢筋混凝土柱详图

（3）钢筋混凝土板。

钢筋混凝土板分现浇和预制两种。钢筋混凝土板详图一般由平面图和节点断面图组成。平面图主要表示钢筋混凝土板的形状和板中钢筋的布置、定位轴线及尺寸、断面图的剖切位置等。

雨篷见图 8.12

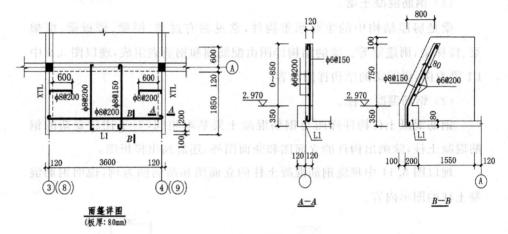

图 8.12　雨篷大样图

8.5　建筑结构施工图平面整体设计方法

8.5.1　平法设计的意义

平法的表达形式，概括来讲，是把结构构件的尺寸和配筋等，按照平面整体表示方法制图规则，整体直接表达在各类构件的结构平面布置图上，再与标准构造详图相配合，即构成一套新型完整的结构设计。

8.5.2　平法设计的注写方式

在平面布置图上表示各构件尺寸和配筋的方式，分平面注写方式、列表注写方式和截面注写方式三种。

　　按平法设计绘制结构施工图时,应将所有柱、墙、梁构件进行编号,并用表格或其他方式注明各结构层楼(地)面标高、结构层高及相应的结构层号。

8.5.3　梁平法施工图的制图规则及示例

　　梁平法施工图系在梁平面布置图上采用平面注写方式或截面注写方式表达。平面注写方式系在梁平面布置图上,分别在不同编号的梁中各选一根梁,在其上注写截面尺寸和配筋具体数值的方式来表达梁平法施工图。

　　平面注写包括集中标注和原位标注,集中标注表达梁的通用数值,原位标注表达梁的特殊数值。如图8.13所示。图8.14四个梁截面系采用传统表示方法绘制。

　　梁编号由梁类型代号、序号、跨数及有无悬挑代号几项组成,应符合表8.5的规定。

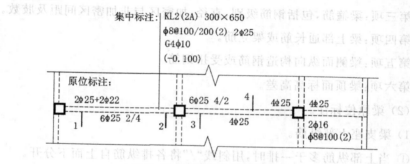

图8.13　梁平面注写方式示例

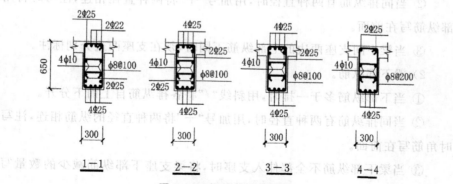

图8.14　梁的截面配筋图

191

表 8.5　梁编号

梁类型	代号	序号	跨数及是否带有悬挑
楼层框架梁	KL	××	(××)、(××A)或(××B)
屋面框架梁	WKL	××	(××)、(××A)或(××B)
框支架	KZL	××	(××)、(××A)或(××B)
非框架梁	L	××	(××)、(××A)或(××B)
悬挑梁	XL	××	
井字梁	JZL	××	(××)、(××A)或(××B)

（1）梁集中标注。

梁集中标注的内容,有五项必注值及一项选注值,规定如下:

第一项:梁编号。

第二项:梁截面尺寸 $b×h$(宽×高)。

第三项:梁箍筋,包括钢筋级别、直径、加密区与非加密区间距及肢数。

第四项:梁上部通长筋或架立筋。

第五项:梁侧面纵向构造钢筋或受扭钢筋。

第六项:梁顶面标高高差。

（2）梁原位标注。

1）梁支座上部纵筋。

① 当上部纵筋多于一排时,用斜线"/"将各排纵筋自上而下分开。

② 当同排纵筋有两种直径时,用加号"＋"将两种直径相连,注写时将角部纵筋写在前面。

③ 当梁中间支座两边的上部纵筋不同时,须在支座两边分别标注。

2）梁下部纵筋。

① 当下部纵筋多于一排时,用斜线"/"将各排纵筋自上而下分开。

② 当同排纵筋有两种直径时,用加号"＋"将两种直径的纵筋相连,注写时角筋写在前面。

③ 当梁下部纵筋不全部伸入支座时,将梁支座下部纵筋减少的数量写在括号内。

④ 当已按规定注写了梁上部和下部均为通长的纵筋值时,则不需在梁

下部重复做原位标注。

3) 附加箍筋或吊筋。

附加箍筋和吊筋可直接画在平面图中的主梁上,用线引注总配筋值(见图8.15)。当多数附加箍筋或吊筋相同时,可在梁平法施工图上统一注明,少数与统一注明值不同时,再原位引注。

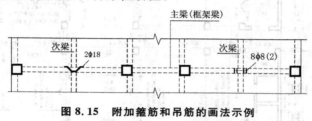

图8.15　附加箍筋和吊筋的画法示例

4) 当在梁上集中标注的内容不适用于某跨或某悬挑部分时,则将其不同数值原位标注在该跨或该悬挑部位,施工时应按原位标注数值取用。

梁的原位标注和集中标注的注写位置及内容见图8.16。

梁平法施工图平面注写方式示例见图8.17

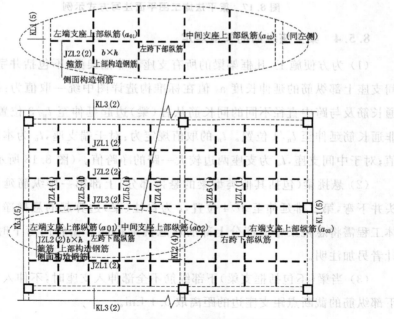

图8.16　梁的标注注写位置及注写内容

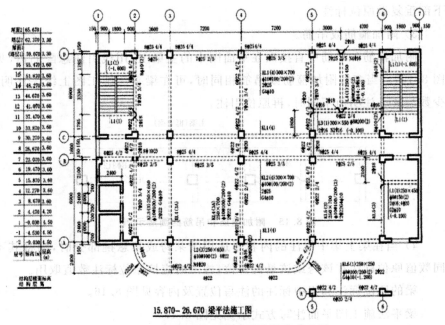

图 8.17 梁平法施工图平面注写方式示例

8.5.4 梁支座纵筋的长度规定

（1）为方便施工，凡框架梁的所有支座和非框架梁（不包括井字梁）的中间支座上部纵筋的延伸长度 a_0 值在标准构造详图中统一取值为：第一排非通长筋及与跨中直径不同的同长筋从柱（梁）边起延伸至 $l_n/3$ 位置；第二排非通长筋延伸至 $l_n/4$ 位置。l_n 的取值规定为：对于端支座，l_n 为本跨的净跨值；对于中间支座，l_n 为支座两边较大一跨的净跨值。（图 8.18 所示）

（2）悬挑梁（包括其他类型梁的悬挑部分）上部第一排纵筋延伸至梁端头并下弯，第二排延伸至 $3l/4$ 位置，l 为自柱（梁）边算起的悬挑净长。当具体工程需将悬挑梁中的部分上部筋从悬挑梁根部开始斜向弯下时，应由设计者另加注明。

（3）当梁（不包括框支梁）下部纵筋不全部伸入支座时，不伸入支座的梁下部纵筋的截断点距支座边的距离取 0.1 Lni。

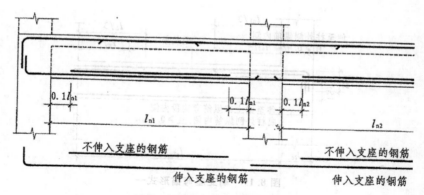

图 8.18 梁支座纵筋的长度

（4）非框架梁、井字梁的上部纵向钢筋在端支座的锚固要求：当设计按铰接时，平直段伸至端支座对边后弯折，且平直段长度≥0.35 L_{ab}，弯折段长度 15 d；当充分利用钢筋的抗拉强度时，直段伸至端支座对边后弯折，且平直段长度≥0.6 L_{ab}，弯折段长度 15 d。设计者应该在平法施工图中注明采用何种构造，当多数采用同种构造时，可在图注中统一写明，并将少数不同之处在图中注明。

（5）非抗震设计时，框架梁下部纵向钢筋在中间支座的锚固长度，本图集的构造详图中按计算中充分利用钢筋的抗拉强度考虑。当计算中不利用该钢筋的强度时，其伸入支座的锚固长度对于带肋钢筋为 12 d，对于光面钢筋为 15 d。

（6）非框架梁下部纵向钢筋在中间支座和端支座的锚固长度，本图集的构造详图中规定对于带肋钢筋为 12 d，对于光面钢筋为 15 d。

（7）当非框架梁配有受扭纵向钢筋时，梁纵筋锚入支座的长度为 La，在端支座直锚长度不足时，可伸至端支座对边后弯折，且平直段长度≥0.6 Lab，弯折段长度 15 d。

8.5.5 抗震楼层框架梁纵向钢筋构造—端支座弯锚

构造形式如图 8.19、图 8.20、图 8.21 所示

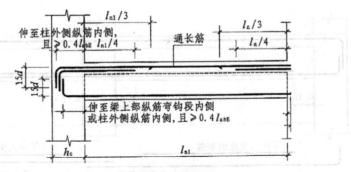

图 8.19　端支座弯锚形式一

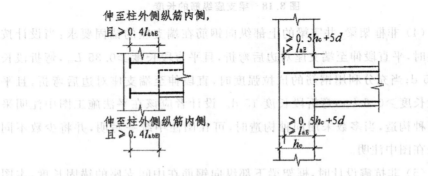

端支座加锚头（锚板）锚固　　　　端支座直锚

图 8.20　端支座弯锚形式二

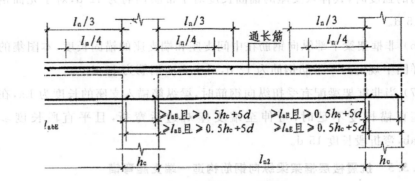

图 8.21　端支座弯锚形式三

纵向钢筋的搭接形式如图 8.22 所示

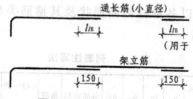

图 8.22　钢筋搭接尺寸

8.5.6　柱平法施工图的制图规则及示例

（1）柱平法施工图系在柱平面布置图上采用列表方式或截面注写方式表达。截面注写方式系在分标准层绘制的柱平面布置图上，分别在同一编号的柱中选择一个截面，并将此截面在原位放大，以直接注写截面尺寸和配筋具体数值。

以图 8.23 为例，说明采用截面注写方式表达柱平法施工图的内容。

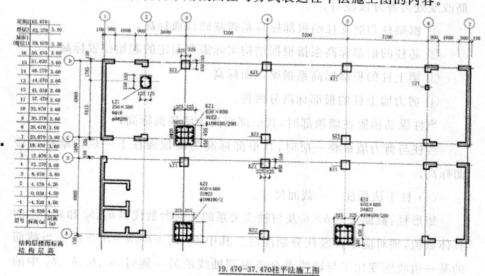

19.470~37.470柱平法施工图

图 8.23　柱平法施工图截面注写方式示例

（2）列表注写方式——系在柱平面布置图上（一般只需采用适当比例绘制一张柱平面布置图，包括框架柱、框支柱、梁上柱和剪力墙上柱），分别在同一编号的柱中选择一个（有时需要选择几个）截面标注几何参数代号：在

柱表中注写柱号、柱段起止标高、几何尺寸(含柱截面对轴线的偏心情况)与配筋的具体数值,并配以各种柱截面形状及其箍筋类型图的方式来表达柱平法施工图。(表8.6)

表8.6　列表注写法

柱号	标高	$b \times h$(圆柱直径 D)	b_1	b_2	h_1	h_2	全部纵筋	角筋	b边一侧中部筋	h边一侧中部筋	箍筋类型号	箍筋
KZ1	$-0.030 \sim 19.470$	750×700	375	375	150	550	24ϕ25				1(5×4)	ϕ10 @100/200
	$19.470 \sim 37.470$	650×600	325	325	150	450		4ϕ22	5ϕ22	4ϕ20	1(4×4)	ϕ10 @100/200
	$37.470 \sim 59.070$	550×500	275	275	150	350		4ϕ22	5ϕ22	4ϕ20	1(4×4)	ϕ8 @100/200

(3)柱平法标注——起止标高。

注写各段柱的起止标高,自柱根部往上以变截面位置或截面未变但配筋改变处为界分段注写。

① 框架柱和框支柱的根部标高系指基础顶面标高。

② 芯柱的根部标高系指根据结构实际需要而定的起始位置标高。

③ 梁上柱的根部标高系指梁顶面标高。

④ 剪力墙上柱的根部标高分两种。

当柱纵筋锚固在墙顶部时,其根部标高为墙顶面标高;

当柱与剪力墙重叠一层时,其根部标高为墙顶面往下一层的结构层楼面标高。

(4)柱平法标注——截面尺寸。

矩形柱:截面尺寸 $b \times h$ 及与轴线关系的几何参数代号 b_1、b_2 和 h_1、h_2 的具体数值,须对应于各段柱分别注写。其中 $b = b_1 + b_2$,$h = h_1 + h_2$。当截面的某一边收缩变化至与轴线重合或偏到轴线的另一侧时,b_1、b_2、h_1、h_2 中的某项为零或为负值。

圆柱:在圆柱直径数字前加 d 表示。为表达简单,圆柱截面与轴线的关系也用 b_1、b_2 和 h_1、h_2 表示,并使 $d = b_1 + b_2$;$h = h_1 + h_2$。

（5）柱平法标注——纵筋。

当柱纵筋直径相同，各边根数也相同时（包括矩形柱、圆柱和芯柱），将纵筋注写在"全部纵筋"一栏中；除此之外，柱纵筋分角筋、截面 b 边中部筋和 h 边中部筋三项分别注写（对于采用对称配筋的矩形截面柱，可仅注写一侧中部筋，对称边省略不注）。

（6）柱平法标注——箍筋。

注写柱箍筋，包括钢筋级别、直径与间距。当为抗震设计时，用斜线"/"区分柱端箍筋加密区与柱身非加密区长度范围内箍筋的不同距。当圆柱采用螺旋箍筋时，需在箍筋前加"L"。如图 8.24 所示。

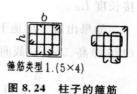

箍筋类型1.(5×4)

图8.24　柱子的箍筋

（7）柱子基础插筋长度。

注子在基础中的插筋长度及锚固形式如图 8.25 所示，基础插筋长度＝弯折长度＋竖直长度 h_1＋非连接区 $H_n/3$＋搭接长度 L_{lE}。

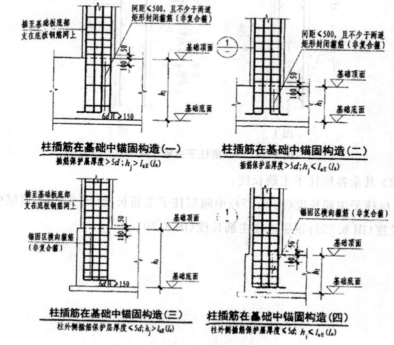

图8.25　柱插筋在基础中锚固构造

8.5.7 柱的纵筋分析

（1）—1 层柱子主筋长度，如图 8.26 所示。

纵筋长度＝—1 层层高—1 层非连接区 $H_n/3$＋1 层非连接区 $H_n/3$＋搭接长度 L_{lE}。

纵筋长度＝—1 层层高—1 层非连接区 $H_n/3$＋1 层非连接区 $H_n/3$＋搭接长度 L_{lE}。

如果出现多层地下室，只有基础层顶面和首层顶面是 1/3 净高其余均为（1/6 净高、500、柱截面长边）取大值。

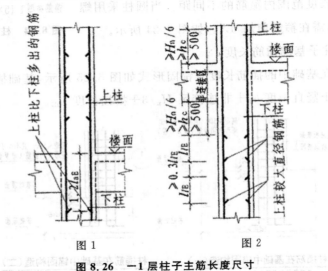

图 8.26 —1 层柱子主筋长度尺寸

（2）其余各层柱子主筋长度。

1 层柱子主筋长度（图 8.27）；中间层柱子主筋长度（图 8.28）；顶层中柱主筋长度（图 8.29）；顶层边柱主筋长度（图 8.30）

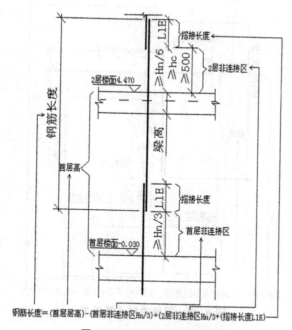

钢筋长度=(首层层高)-(首层非连接区Hn/3)+(2层非连接区Hn/3+搭接长度L1E)

图 8.27　1 层柱子主筋长度

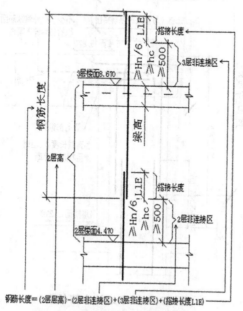

钢筋长度=(2层层高)-(2层非连接区)+(3层非连接区)+搭接长度L1E

图 8.28　中间层柱子主筋长度

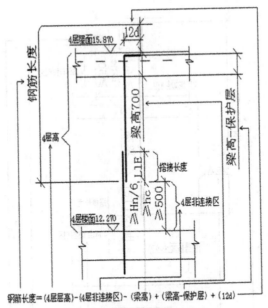

钢筋长度＝(4层层高)−(4层非连接区)−(梁高)＋(梁高−保护层)＋(12d)

图 8.29 顶层中柱主筋长度

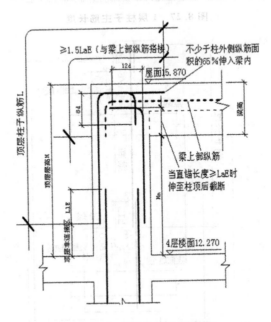

图 8.30 顶层边柱主筋长度

8.5.8　剪力墙制图规则

剪力墙平法施工图系在剪力墙平面布置图上采用列表注写方式或截面注写方式表示。

（1）剪力墙柱。

为表达清楚、简便,剪力墙可视为由剪力墙柱、剪力墙身和剪力墙梁三类构件组成。如表8.7所示。

表8.7　列表注写法

剪力墙柱表					
截面					
编号	GDZ1			GDZ2	
标高	−0.030~8.670	8.670~30.270	(30.270~59.070)	−0.030~8.670	8.670~59.070	59.070~65.670
纵筋	22Φ22	22Φ20	(22Φ18)	12Φ25	12Φ22	12Φ20
箍筋	Φ10@100	Φ10@100/200	(Φ10@100/200)	Φ10@100	Φ10@100/200	Φ10@100/200

墙柱编号,由墙柱类型代号和序号组成,表达形式应符合表8.8所示的规定。

表8.8　墙柱编号

墙柱类型	代号	序号
约束边缘暗柱	YAZ	××
约束边缘端柱	YDZ	××
约束边缘翼墙（柱）	YYZ	××
约束边缘转角墙（柱）	YJZ	××
构造边缘端柱	GDZ	××
构造边缘暗柱	GAZ	××
构造边缘翼墙（柱）	GYZ	××
构造边缘转角墙（柱）	GJZ	××
非边缘暗柱	AZ	××
扶壁柱	FBZ	××

在剪力墙柱表中表达的内容,规定如下。

① 注写墙柱编号(见表 8.8)和绘制该墙柱的截面配筋图。

② 对于约束边缘端柱 YDZ,需增加标注几何尺寸 $bc \times hc$(图 8.31)。该柱在墙身部分的几何尺寸按本图集 YDZ 的标准构造详图取值,设计不注。当设计者采用与该构造详图不同的做法时,应另行注明。

③ 对于构造边缘端柱 GDZ,需增加标注几何尺寸 $bc \times hc$(图 8.31)。

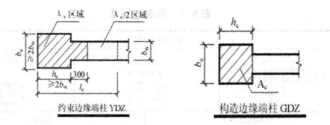

图 8.31 几何尺寸

④ 对于非边缘暗柱 AZ,需增加标注几何尺寸,如图 8.32 所示。

⑤ 对于扶壁柱 FBZ,需增加标注几何尺寸,如图 8.32 所示。

图 8.32 几何尺寸

⑥ 注写各段墙柱的起止标高,自墙柱根部往上以变截面位置或截面未变但配筋改变处为界分段注写。墙柱根部标高系指基础顶面标高(如为框支剪力墙结构则为框支梁顶面标高)。

⑦ 注写各段墙柱的纵向钢筋和箍筋,注写值应与在表中绘制的截面配筋图对应一致。纵向钢筋注总配筋值;墙柱箍筋的注写方式与柱箍筋相同。对于约束边缘端柱 YDZ、约束边缘暗柱 YAZ、约束边缘翼墙(柱)YYZ、约束边缘角墙(柱)YJZ,除注写相应标准构造详图中所示阴影部位内的箍筋外,尚需注写非阴影区内布置的拉筋(或箍筋)。

（2）剪力墙身。

剪力墙身取值应符合表8.9。

表 8.9　剪力墙身表

剪力墙身表					
编号	标高	墙厚	水平分布筋	垂直分布筋	拉筋
Q1（2 排）	0.030～30.270	300	Φ12@250	Φ12@250	Φ6@500
	30.270～59.070	250	Φ10@250	Φ10@250	Φ6@500
Q2（2 排）	−0.030～30.270	250	Φ10@250	Φ10@250	Φ6@500
	30.270～59.070	200	Φ10@250	Φ10@250	Φ6@500

（3）剪力墙梁。

1）在剪力墙梁表中表达的内容，规定如下。

注写墙梁编号，由墙梁类型代号和序号组成，表达形式见表8.10。注写墙梁所在楼层号；注写墙梁顶面标高高差，系指相对于墙梁所在结构层楼面标高的高差值，高于者为正值，低于者为负值，当无高差时不注；注写墙梁截面尺寸 $b \times h$，上部纵筋，下部纵筋和箍筋的具体数值。

表 8.10　墙梁类型

墙梁类型	代号	序号
连梁（无交叉暗撑及无交叉钢筋）	LL	××
连梁（有交叉暗撑）	LL（JC）	××
连梁（有交叉钢筋）	LL（JG）	××
暗梁	AL	××
边框梁	BKL	××

当连梁设有斜向交叉暗撑时[代号为 LL（JC）××且连梁截面宽度不小于400]，注写一根暗撑的全部纵筋，并标注×2表明有两根暗撑相互交叉，以及箍筋的具体数值（用斜线分隔斜向交叉暗撑箍筋加密区与非加密区的不同间距）。暗撑截面尺寸按构造确定，并按标准构造详图施工，设计不注；当

设计者采用与该构造详图不同的做法时,应另行注明。当连梁设有斜向交叉钢筋时[代号为 LL(JG)××且连梁截面宽度小于 400 但不小于 200],注写一道斜向钢筋的配筋值,并标注×2 表明有两道斜向钢筋相互交叉。当设计者采用与该构造详图不同的做法时,应另行注明。墙梁侧面纵筋的配置,当墙身水平分布钢筋满足连梁、暗梁及边框梁的梁侧面纵向构造钢筋的要求时,该筋配置同墙身水平分布钢筋,表中不注,施工按标准构造详图的要求即可;当不满足时,应在表中注明梁侧面纵筋的具体数值。

2)截面注写方式。

① 原位注写方式,系在分标准层绘制的剪力墙平面布置图上,以直接在墙柱、墙身、墙梁上注写截面尺寸和配筋具体数值的方式来表达剪力墙平法施工图(如图 8.33 所示)。从相同编号的墙柱中选择一个截面,标注全部纵筋及箍筋的具体数值(同框架柱)。对墙柱纵筋搭接长度范围的箍筋间距要求同框架柱。

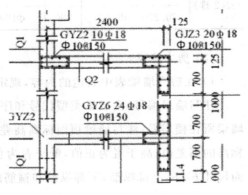

图 8.33 剪力墙平法施工图

② 从相同编号的墙身中选择一道墙身,按顺序引注的内容为:墙身编号(应包括注写在括号内墙身所配置的水平与竖向分布钢筋的排数)、墙厚尺寸,水平分布钢筋、竖向分布钢筋和拉筋的具体数值。如图 8.34 所示。

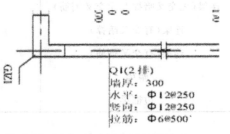

图 8.34 一道墙身引注的内容

③ 从相同编号的墙梁中选择一根墙梁,按顺序引注的内容为:当连梁无斜向交叉暗撑时,注写:墙梁编号、墙梁截面尺寸 $b×h$、墙梁箍筋、上部纵筋、下部纵筋和墙梁顶面标高高差的具体数值。当连梁设有斜向交叉暗撑时,

还要以 JC 打头附加注写一根暗撑的全部纵筋,并标注×2 表明有两根暗撑相互交叉,以及箍筋的具体数值(用斜线分隔斜向交叉暗撑箍筋加密区与非加密区的不同间距)。交叉暗撑的截面尺寸按构造确定,并按标准构造详图施工,设计不注。当连梁设有斜向交叉钢筋时,还要以 JC 打头附加注写一道斜向钢筋的配筋值,并标注×2 表明有两道斜向钢筋相互交叉。当墙身水平分布钢筋不能满足连梁、暗梁及边框梁的梁侧面纵向构造钢筋的要求时,应补充注明梁侧面纵筋的具体数值,注写时,以大写字母 G 打头,接续注写直径与间距。

例 GΦ10@150,表示墙梁两个侧面纵筋对称配置为:Ⅰ级钢筋,直径Φ10,间距为 150。(图 8.35)

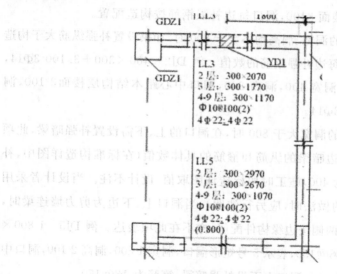

图 8.35 剪力墙的标注形式

(4)剪力墙洞口。

1)洞口的具体表示方法。

在剪力墙平面布置图上绘制洞口示意,并标注洞口中心的平面定位尺寸。在洞口中心位置引注:洞口编号、洞口几何尺寸、洞口中心相对标高、洞口每边补强钢筋,共四项内容。具体规定如下。

① 洞口编号:矩形洞口为 JD××(××为序号),圆形洞口为 YD××(××为序号)。

② 洞口几何尺寸:矩形洞口为洞宽×洞高(b×h),圆形洞口为洞口直径 D。

③ 洞口中心相对标高,系相对于结构层楼(地)面标高的洞口中心高度。当其高于结构层楼面时为正值,低于结构层楼面时为负值。

2)洞口每边补强钢筋,分以下几种不同情况。

① 当矩形洞口的洞宽、洞高均不大于 800 时,如果设置构造补强纵筋,即洞口每边加钢筋≥2Φ12 且不小于同向被切断钢筋总面积的 50%,本项免注。例 DJ3 400×300+3.100,表示 3 号矩形洞口,洞宽 400,洞高 300,洞口中心距本结构层楼面 3100,洞口每边补强钢筋按构造配置。

② 当矩形洞口的洞宽、洞高均不大于 800 时,如果设置补强纵筋大于构造配筋,此项注写洞口每边补强钢筋的数值。例 DJ2 400×300+3.100 3Φ14,表示 2 号矩形洞口,洞宽 400,洞高 300,洞口中心距本结构层楼面 3100,洞口每边补强钢筋为 3Φ14。

③ 当矩形洞口的洞宽大于 800 时,在洞口的上、下需设置补强暗梁,此项注写为洞口上、下每边暗梁的纵筋和箍筋的具体数值(在标准构造详图中,补强暗梁梁高一律定为 400,施工时按标造详图取值,设计不注。当设计者采用与该构造详图不同的做法时,应另行注明);当洞口上、下边为剪力墙连梁时,此项免注;洞口竖向两侧按边缘构件配筋,亦不在此项表达。例 DJ5 1 800×2 100+1.800 6 20 Φ8@150,表示 5 号矩形洞口,洞宽 1 800,洞高 2 100,洞口中心距本结构层楼面 1 800,洞口上下设补强暗梁,箍筋为 Φ8@150。

④ 当圆形洞口设置在连梁中部 1/3 范围(且圆洞直径不应大于 1/3 梁高)时,需注写在圆洞上下水平设置的每边补强纵筋与箍筋。

⑤ 当圆形洞口直径大于 300,但不大于 800 时,其加强钢筋在标准构造详图中系按照圆外切正六边形的边长方向布置(请参考对照本图集中相应的标准构造详图),设计仅需注写六边形中一边补强钢筋的具体数值。

参考文献

[1] 杜延娜,蔡建平. 土木工程制图[M]. 第二版. 北京:机械工业出版社,2009.

[2] 卢传贤. 土木工程制图[M]. 第四版. 北京:中国建筑工业出版社,2012.

[3] 袁雪峰. 房屋建筑学[M]. 第四版. 北京:中国建筑工业出版社,2016.

[4] 于习法,周佶. 画法几何与土木工程制图[M]. 第二版. 南京:东南大学出版社,2013.

[5] 张爽,张晓芹. 土木工程制图北京[M]. 北京:人民交通出版社,2009.

[6] 丁建梅,昂雪野. 土木工程制图北京[M]. 北京:人民交通出版社,2013.

[7] 马彩祝. 土木工程制图[M]. 北京:中国建筑工业出版社,2013.

[8] 雷光明,杨谆. 土木工程制图[M]. 上海:科学出版社有限公司,2015.

[9] 丁建梅,周佳新. 土木工程制图[M]. 北京:人民交通出版社2007.

[10] 白丽红. 建筑工程制图与识图[M]. 北京:北京大学出版社,2009.

[11] 罗康贤. 建筑工程制图与识图[M]. 广州:华南理工大学出版社,2013.

[12] 赵研. 土木工程识图[M]. 北京:中国建筑工业出版社,2010.

[13] 尚久明. 土木工程识图(房屋建筑类)[M]. 北京:中国铁道出版社,2010.

[14] 刘伟. 土木工程识图[M]. 北京:中航出版传媒有限责任公司,2014.

[15] 周爱军. 土木工程图识读[M]. 第二版. 北京:机械工业出版社,2010.

[16] 褚振文,方传斌. 16G101 图集. 中国建筑标准设计研究院,2017.